新一代人工智能 2030 全景科普丛书

智能家居
一种叫 AI 的家居生活

李锋白　编著 ●‥‥◉

科学技术文献出版社
SCIENTIFIC AND TECHNICAL DOCUMENTATION PRESS
·北京·

图书在版编目（CIP）数据

智能家居：一种叫AI的家居生活 / 李锋白编著. —北京：科学技术文献出版社，2020.9

（新一代人工智能2030全景科普丛书 / 赵志耘总主编）

ISBN 978-7-5189-5864-1

Ⅰ.①智… Ⅱ.①李… Ⅲ.①住宅—智能化建筑 Ⅳ.① TU241

中国版本图书馆 CIP 数据核字（2019）第 159319 号

智能家居——一种叫AI的家居生活

策划编辑：郝迎聪　　责任编辑：杨瑞萍　　责任校对：张吲哚　　责任出版：张志平

出　版　者	科学技术文献出版社	
地　　　址	北京市复兴路15号　邮编　100038	
编　务　部	（010）58882938，58882087（传真）	
发　行　部	（010）58882868，58882870（传真）	
邮　购　部	（010）58882873	
官 方 网 址	www.stdp.com.cn	
发　行　者	科学技术文献出版社发行　全国各地新华书店经销	
印　刷　者	北京时尚印佳彩色印刷有限公司	
版　　　次	2020 年 9 月第 1 版　2020 年 9 月第 1 次印刷	
开　　　本	710×1000　1/16	
字　　　数	121千	
印　　　张	10.5	
书　　　号	ISBN 978-7-5189-5864-1	
定　　　价	46.00元	

总　序

人工智能是指利用计算机模拟、延伸和扩展人的智能的理论、方法、技术及应用系统。人工智能虽然是计算机科学的一个分支，但它的研究跨越计算机学、脑科学、神经生理学、认知科学、行为科学和数学，以及信息论、控制论和系统论等许多学科领域，具有高度交叉性。此外，人工智能又是一种基础性的技术，具有广泛渗透性。当前，以计算机视觉、机器学习、知识图谱、自然语言处理等为代表的人工智能技术已逐步应用到制造、金融、医疗、交通、安全、智慧城市等领域。未来随着技术不断迭代更新，人工智能应用场景将更为广泛，渗透到经济社会发展的方方面面。

人工智能的发展并非一帆风顺。自 1956 年在达特茅斯夏季人工智能研究会议上人工智能概念被首次提出以来，人工智能经历了 20 世纪 50—60 年代和 80 年代两次浪潮期，也经历过 70 年代和 90 年代两次沉寂期。近年来，随着数据爆发式的增长、计算能力的大幅提升及深度学习算法的发展和成熟，当前已经迎来了人工智能概念出现以来的第三个浪潮期。

人工智能是新一轮科技革命和产业变革的核心驱动力，将进一步释放历次科技革命和产业变革积蓄的巨大能量，并创造新的强大引擎，重构生产、分配、交换、消费等经济活动各环节，形成从宏观到微观各领域的智能化新需求，催生新技术、新产品、新产业、新业态、新模式。2018 年麦肯锡发布的研究报告显示，到 2030 年，人工智能新增经济规模将达 13 万亿美元，其对全球经济增长的贡献可与其他变革性技术如蒸汽机相媲美。近年来，世界主要发达国家已经把发展人工智能作为提升其国家竞争力、维护国家安全的重要战略，并进行针对性布局，力图在新一轮国际科技竞争中掌握主导权。

德国 2012 年发布十项未来高科技战略计划，以"智能工厂"为重心的工业 4.0 是其中的重要计划之一，包括人工智能、工业机器人、物联网、云计算、大数据、3D 打印等在内的技术得到大力支持。英国 2013 年将"机器人技术及自治化系统"列入了"八项伟大的科技"计划，宣布要力争成为第四次工业革命的全球领导者。美国 2016 年 10 月发布《为人工智能的未来做好准备》《国家人工智能研究与发展战略规划》两份报告，将人工智能上升到国家战略高度，为国家资助的人工智能研究和发展划定策略，确定了美国在人工智能领域的七项长期战略。日本 2017 年制定了人工智能产业化路线图，计划分 3 个阶段推进利用人工智能技术，大幅提高制造业、物流、医疗和护理行业效率。法国 2018 年 3 月公布人工智能发展战略，拟从人才培养、数据开放、资金扶持及伦理建设等方面入手，将法国打造成在人工智能研发方面的世界一流强国。欧盟委员会 2018 年 4 月发布《欧盟人工智能》报告，制订了欧盟人工智能行动计划，提出增强技术与产业能力，为迎接社会经济变革做好准备，确立合适的伦理和法律框架三大目标。

党的十八大以来，习近平总书记把创新摆在国家发展全局的核心位置，高度重视人工智能发展，多次谈及人工智能重要性，为人工智能如何赋能新时代指明方向。2016 年 8 月，国务院印发《"十三五"国家科技创新规划》，明确人工智能作为发展新一代信息技术的主要方向。2017 年 7 月，国务院发布《新一代人工智能发展规划》，从基础研究、技术研发、应用推广、产业发展、基础设施体系建设等方面提出了六大重点任务，目标是到 2030 年使中国成为世界主要人工智能创新中心。截至 2018 年年底，全国超过 20 个省市发布了 30 余项人工智能的专项指导意见和扶持政策。

当前，我国人工智能正迎来史上最好的发展时期，技术创新日益活跃、产业规模逐步壮大、应用领域不断拓展。在技术研发方面，深度学习算法日益精进，智能芯片、语音识别、计算机视觉等部分领域走在世界前列。2017—2018 年，中国在人工智能领域的专利总数连续两年超过了美国和日本。在产业发展方面，截至 2018 年上半年，国内人工智能企业总数达 1040 家，位居世界第二，在智能芯片、计算机视觉、自动驾驶等领域，涌现了寒武纪、旷视等一批独角兽企业。在应用领域方面，伴随着算法、算力的不断演进和提升，越来越多的产品和应用落地，比较典型的产品有语音交互类产品（如智能音箱、智能语音助理、智能车载系统等）、智能机器人、无人机、无人驾驶汽车等。人工智能的应用范围则更加广泛，目前已经在制造、医疗、金融、教育、安防、商业、智能家居等多个垂直领域得到应用。总体来说，目前我国在开发各种人工智能应用方面发展非常迅速，但在基础研究、原创成果、顶尖人才、技术生态、基础平台、标准规范等方面，距离世界领先水平还存在明显差距。

1956 年，在美国达特茅斯会议上首次提出人工智能的概念时，互联网还没有诞生；今天，新一轮科技革命和产业变革方兴未艾，大数据、物联网、深度学习等词汇已为公众所熟知。未来，人工智能将对世界带来颠覆性的变化，它不再是科幻小说里令人惊叹的场景，也不再是新闻媒体上"耸人听闻"的头条，而是实实在在地来到我们身边：它为我们处理高危险、高重复性和高精度的工作，为我们做饭、驾驶、看病，陪我们聊天，甚至帮助我们突破空间、表象、时间的局限，见所未见，赋予我们新的能力……

这一切，既让我们兴奋和充满期待，同时又有些担忧、不安乃至惶恐。就业替代、安全威胁、数据隐私、算法歧视……人工智能的发展和大规模应用也会带来一系列已知和未知的挑战。但不管怎样，人工智能的开始按钮已经按下，而且将永不停止。管理学大师彼得·德鲁克说："预测未来最好的方式就是创造未来。"别人等风来，我们造风起。只要我们不忘初心，为了人工智能终将创造的所有美好全力奔跑，相信在不远的未来，人工智能将不再是以太网中跃动的字节和 CPU 中孱弱的灵魂，它就在我们身边，就在我们眼前。"遇见你，便是遇见了美好。"

新一代人工智能 2030 全景科普丛书力图向我们展现 30 年后智能时代人类生产生活的广阔画卷，它描绘了来自未来的智能农业、制造、能源、汽车、物流、交通、家居、教育、商务、金融、健康、安防、政务、法庭、环保等令人叹为观止的经济、社会场景，以及无所不在的智能机器人和伸手可及的智能基础设施。同时，我们还能通过这套丛书了解人工智能发展所带来的法律法规、伦理规范的挑战及应对举措。

本丛书能及时和广大读者、同仁见面，应该说是集众人智慧。他们主要是本丛书作者、为本丛书提供研究成果资料的专家，以及许多业内人士。在此对他们的辛苦和付出一并表示衷心的感谢！最后，由于时间、精力有限，丛书中定有一些不当之处，敬请读者批评指正！

赵志耘

2019 年 8 月 29 日

前　言

在不经意间，总有一些力量在推动着社会进步，变革着日常生活，以至于我们会情不自禁地发问：是生活改变了我们，还是我们改变了生活？

稍不留意，我们就被带进新的时代，必须做出新的选择，开启新的生活方式。

随着信息技术的不断进步，我们看到，曾经的梦想正在逐一变成现实：当你入住酒店时，发现窗帘可以自动打开和关闭，电视可以用语音控制；很多人可以在下班到家前 10 分钟通过手机远程打开空调和热水器，一到家就可以享受舒适的凉风，洗温暖的热水澡；家里的灯光、音响等氛围都可以根据人们的设定，自动调节到位。

原来是那些发烧友玩的高科技，今天已经陆续进入平常人家。从简单的工具到自动化机器，从看得到的硬件到看不到的软件，都在模拟、延伸和扩展人类的智能。AI 就是这样从蒙昧到清晰，走入了我们的生活。

我们在一个智能家居体验馆里看到，一个六面体小盒子就可以控制家里的所有电器。像麻将骰子一样的六面体盒子上，每一面设置了一种生活场景，如上班、起床、午休、晚餐、会客、影院等模式，当把某一面朝上的时候，家里的所有电器就自动调节为这种生活场景所要求的状态。

5G 技术还将会带来更多的想象空间，原来受限于数据传输速度而无法实现的 3D 全景显示、裸眼 VR、无人驾驶、多线程视频直播等，也将逐步走进我们的生活。

只有想不到的，没有做不到的。我们可以充分展开想象的翅膀，畅想未来的各种家居场景，考虑如何让机器去完成人们不便做、做不了或做不好的事情。

AI 家居生活以人为本。当其到来的时候，普通消费者可以享受新型生活方式带来的便利和舒适。我们无须再为忘记锁门烦恼，可以远程锁门；无须担心下雨时忘记收衣服带来的不便，可以遥控收衣服；无须再为不会开车苦恼，可以预定无人驾驶汽车接送；无须担心家里失火或者失窃，可以自主监控和自动处理；无须担心独居老人和留守儿童的安全问题，可以动态监护。

业界人士将迎来无穷的创新创业机会。从感知技术到数据传输和处理，以及终端设备的执行和反馈，都需要大量技术和产品的创新创造，其中必然蕴含大量商机。AI 家居生活将会催生一个完整而庞大的产业体系，任何一种应用场景都将是一个产业簇，将会有一批专业企业植根其中。对于专业人士来讲，找准定位，发挥自己的优势，攻其一点，就可以有所成就。

在 AI 产业体系的形成过程中，一批卓越的公司必将诞生和壮大。技术进步与家庭需求的交互作用，必将让 AI 技术在家居生活中大放光彩。

我们只需张开双臂，积极迎接这种叫 AI 的家居生活。

目　录

第一篇

人工智能让家更美好

"智能＋"正在扑面而来，一种崭新的智能生活正在拉开帷幕，这不仅仅是技术进步带来的生活方式的变革，而是一个时代的开端。

"你"是生活的中心，一切随"你"而动。有智慧、能懂你的人机交流互动，诠释着生活的另一种温情体贴。

懂你，多么美妙的追求与体验。不用怀疑，智能家居是有温度的，这温度正契合"你"的所需。

一切刚刚开始，好戏有待逐步登场。

第一章 ◉••••

美好的智能家居体验

第一节　感受一个家庭的智能家居生活

科技改变生活，随着智能科技的不断发展，这句话逐渐变得具体且丰满。例如，你可以躺在床上，只需要一个手机，点一下屏幕，你就可以拉开窗帘、打开洗漱间的灯、选一首欢快的音乐叫醒这个早晨，然后等待你的是智能电饭煲里早已煮好的早饭……这个场景已经不再是仅局限于影视作品中用来显示主角雄厚经济实力的象征，它已经开始成为日常，你的，我的，乃至所有人开始享受的日常……

智能家居，简单来说是利用先进技术将家中的各种设备连接到一起，将整个家中的各种设备系统化地管理起来，相对传统家居来说，智能化的生活可以让居住环境更加舒适、安全、便利。

未来，你可以没有一个大房子或别墅，但你一定开始无意识地将生活智能化。

智能家居的设计一般呈现简约、美观、节约空间等特点，它有人性化的便捷，更能带来艺术享受。有从业者称，智能家居不仅是科技产物，还是艺术创造，更是人与智能设备的巧妙融合。

　　在西欧和美国等发达国家，由于别墅和房子空间一般较大，他们更早地使用智能家居。对比我国智能家居发展的状况，从市场及行业总体发展来讲，还存在较大的提升空间。

　　智能家居的目的在于创造理想、便捷、温馨惬意的家居环境，满足人们的多种需求，从而为人们提供更好的生活方式。一般来说，智能家居体现在以下几个场景。

场景一：　玄关——简单就是美

　　玄关是家的入口，在家中处于至关重要的位置，玄关门厅的多功能控制面板能让你在进出门的时候方便地控制整个房间。它在控制临近范围灯光的同时，配置了全开与全关，以及当客人来到时设置一个欢迎场景，使灯光将整个客厅照亮。

　　朋友到来，你可以通过视频显示器马上识别他们，与他们交谈，然后打开大门让他们进来，当他们沿着引导的路灯走进来时，他们会觉得受到了独特的欢迎。

　　可视对讲——在家就能查看何人光临，并可通过手机给客人开门；外来人员的入侵预警，确保家居的安全，起到了可靠的防范作用，白天和夜晚都能清楚地看见室外的来访人员。

　　调光——通过设置在玄关的人体感应器自动开启灯光，进入欢迎模式。通过智能面板可自行调节灯光亮度、窗帘采光，自由切换场景控制。

　　智能门锁——不仅可以在移动设备上查看门锁情况，还可以在靠近门锁时自动开门，也能为不同访客设定个性化的权限。无须再担心忘带钥匙或是亲戚好友到访自己不在家而造成的烦恼。

场景二： 客厅——在温馨中感受舒适与关怀

在悠扬的背景音乐声中缓缓收起窗帘，灯光自动调节到适宜的亮度，空调自动运行到合适的温度，简单、舒适。同时，还可设置"白天、会客、娱乐、全关"等多种场景模式。

场景模式——可预先设置不同的场景及切换场景时的淡入淡出时间，使灯光柔和变化。具体灯光场景效果，可根据用户的喜好而设定。在不同场合，只需要按下其中的一个场景，灯光氛围瞬间转换。

温度——家，给人的感觉应该是舒适、温暖。通过控制自动窗帘、空调及暖气，为你营造一个温暖、舒适的家。这一切只需要在一个触摸面板上轻轻触摸就可实现，不再需要其他多余的控温装置。

背景音乐——科技改变生活，音乐丰富生活。家庭背景音乐系统是智能家居的核心要素，音乐不仅仅局限于个人享受，而且还上升到人文关怀层面。利用家庭背景音乐系统，根据不同的时间、场景可以播放不同的音乐，可以陶冶情操，有利于身心愉悦，提升智能生活的舒适度和愉悦感。

场景三： 厨房——在一体化服务中打造安逸的生活

为了节省时间，烹饪、洗涤、熨烫、启动洗衣机和洗碗机，这些工作往往是同时进行的，但是有可能导致电源跳闸，中断一切。智能家居系统的电源管理控制单元会临时切断缓用的电器，预防超负荷的屋内用电，而只要轻触屏幕上的一个按钮，你就可以重新激活使用的电器电源。无论你在家还是出门在外，你都可以监控家中用水和用电，防止漏水、漏气，使生活无忧。

漏水传感——在生活中非常有用，主要是探测家庭渗水、漏水的装置，并在探测到渗水、漏水情况时能进行及时报警，能帮助用户节约用水和避免因漏水带来的危害。

自动复位断路——洗碗机、洗衣机和干衣机可以全负荷地进行工作，完全不用担心超负。超载而引发的断电断路器跳闸后维护人员不能及时到位，自复位断路器提高安全性和维护效率、节约维护成本。

气体探测——气体探测器在气体泄漏检测报警装置中，可以固定安装在需要监测气体泄漏的室内、室外、危险场所。若监测位置有可燃气体或有毒气体泄露时，会在第一时间传输给气体报警控制器。

场景四：卧室——让设计与生活互动

卧室是除上班之外，人们待的时间最长的地方。一套卧室智能家居系统方案，让你的起居生活更舒适、惬意、便捷。

只要把开关设置在"早上"，卧室的一切就会从晚上转换到白天，百叶窗升起，灯光调节好，与太阳的第一道光线适应，而背景音乐也响起，温度调节到了适合的室温，新的一天开始了。同时，智能显示屏上的直观式图标菜单可以帮你选择音乐、收听新闻、提高浴室的温度，并启动庭园内的自动洒水装置。

传统的百叶窗需要用户自己拉起和关闭，不但需要用户反复调整，还可能会造成一定破坏，降低它的使用寿命。然而应用智能家居系统，只需轻触控制面板，窗幔将自动卷起，百叶窗会自动打开，令室内光线充足。新风、恒温系统将确保室内空气流通、温度适中。

夜晚设定好"睡眠模式"，为你提供需要的氛围，你还可以在床头一键关闭家中所有的灯。开启"起夜模式"时，隐藏的夜灯柔和亮起，遍布床头到卫生间。

像客厅一样，卧室同样可以设置温度和背景音乐。

场景五：出门——放心也很简单

出门时，智能家居系统会细心地管理你的家，仿佛你本人在家一样。使用电子钥匙打开防盗报警装置，它就可以替你保护整所家宅，同时，它会自动关闭灯光、放下窗帘、调低室内温度。如果你想家心切，可以使用智能家居网络提供的服务，查看家中闭路监控摄像头拍摄的画面。

如果外面开始下雨，它会马上把窗户关上；如果室外风大，室外的雨篷会马上收回；如果触动电闸跳闸，在确保所有的电路系统工作正常后，智能家居会马上恢复供电。

自动化系统——防范室内危险和问题，如煤气泄漏、漏水、停电等情况，手机会接收到报警信息，必要时采取相应的应对措施。

远程——智能家居控制系统中吸引人的功能就是你可以通过智能手机的应用程序控制家中的所有设备。你的手机变成远程遥控器，只要你发送一个指令，你家中的控制权立刻在你手里。

防盗探测——防盗报警系统可以阻止闯入者，并通过电话、短信或邮件将警报发送给你指定的管理人，还可以通过电邮发送触发报警区域的图片；房间的灯光和百叶窗可在指定的时间内打开，让外人以为家中有人。

场景六：庭院——在惬意中感受温暖与自然

智能家居系统帮你照顾花花草草，让你享受一种更加方便的生活方式。当然庭院不仅是种花草的地方，你的一切生活其实都可以搬到室外。会客、就餐，甚至睡觉，智能化的小院子能够帮助你更好地享受庭院时光。

能源管理——结合用户的习惯和具体情况，自动优化匹配各类家电设备来实现节能。通过家庭智能交互终端实现家庭分布式能源发电量、家电用电消耗量的可视化，从而提高人们的节能意识。

安防系统——保护每个房间和入口，如有警报，可通过电话、手机、短信或邮件发出警告，为你的财产和生命安全提供了一个可靠的保障，营造了一个安全、舒适的生活环境。

智能喷灌系统——可以取代传统的洒水工具，比传统的方式更加节水，能根据周围的环境和湿度进行天气预报，还可以根据天气、湿度、土壤类型、植被类型等参数决定是否去洒水，控制洒水量。

第二节　有没有人告诉你智能家居该有的体验

智能家居其实是提供了一套家居生活解决方案，满足家居需求的同时，也解决日常生活中诸多大小事务，犹如一个机器人保姆。

然而机器带来的并不总是冰冷。在北京生活的小张女士，是一个忙碌的上班族。她对智能家居的评价更偏感性："我认为智能家居给生活带来的改变主要体现在家庭关系中。例如，工作一天很累了，吃完晚饭谁洗碗，这个问题通常是夫妻矛盾的导火索，严重的就会引发家庭战争。但是，洗碗机解决了这个问题，至少我认为是缓解了家庭冲突。还有扫地机、拖地机，我认为女性越来越独立，这些智能家居能缓解她们与沿袭传统家庭观念的伴侣、家人之间的冲突，至少在心理上和身体上能够得到一定的解放。"

"当然，智能家居并不是全能，它也带来了一定的问题。例如，对于是否真的需要伴侣这个问题，很多独立的女孩会在婚后说，我自己可以照顾自己，自己赚钱，自己收拾家，男人却什么也不干，我要他干什么？而男人也会思考，我娶一个女人，吃饭有外卖，洗衣服有洗衣机，现在还有洗碗机、擦地机，娱乐我有游戏，那我要她做什么？我觉得未来智能家居应该在照顾便捷生活的同时，也应该考虑到人与人之间的交流，做到让人们之间的关系更和谐，而不是产生怀疑和分离。"

当然，解决问题依然是智能家居最大、最明显的优势。它除了让你感受到生活的便捷，更会让你体会到生活的高级感，甚至满足你的虚荣心理。环境足够优渥时，也会让一个人变得优雅从容。不得不说，这是科技改变生活，乃至改变人的积极影响。

当智能与家居融为一体，便有了不一样的色彩，在便捷的智能生活下，心安之处方为家。

用若干关键词来感受一下智能家居带来的体验。

关键词一：舒适

随着人们对于美好生活的需要日益增长，温暖舒适的家居是极其重要的，智能家居应运而生，让生活更舒适。

这一体验的实用功能主要如下。

睡眠帮助：智能床自动设置适宜温度，实时监测睡眠数据及身体健康状况，小夜灯自动感应，开启柔光，提供夜晚照明。睡觉时会有睡眠音乐助眠，提高睡眠质量。

电视控制：现阶段电视遥控器大致分为 2 种，一种是红外遥控器，另一种是蓝牙遥控器。对于智能家居而言，2 种遥控器都可以接入智能家居主机，也就是说你只需要一个手机就可以控制家中的电视机。

背景音乐系统：背景音乐系统可以为不同的房间设置不同的音乐背景，可以根据需要接入各种音频。

灯光控制：只需一个按钮，就可以打开一路灯光或一组灯光或家中所有灯光。除此之外，我们还可以设置彩灯的颜色，让家中的场景跟随心情的变幻而变化，使单调的生活变得更有情趣。

窗帘百叶窗等自动设备控制：控制百叶窗、自动调节百叶窗帘、自动上锁及控制其他电机设备，方便实用，省时省力。

场景模式：选择预设"场景"模式，如休闲、唤醒、阅读或观看电视等模式，调节灯光、室温和背景音乐，轻轻一按即可自动实现。

关键词二：安全

居家安全一直都是人们所关注的，智能报警系统，给予了居家生活更多保护。智能家居可以防止外来者闯入，防范室内危险和问题，必要时采取相应的应对措施。开启手机远程控制，出门在 24 小时守护家庭安全，实时监测异动，并且内置高配置音箱，发现异常即能开启智能报警，让危险无所遁形。

这一体验的实用功能主要如下。

安防报警：保护每个房间和入口，如有警报，通过电话、手机、短信或邮件发出警告。

家居视频监控：你可以在家中或远程通过闭路监控系统提供的画面了解家宅情况。

技术报警：如果发生漏水、煤气泄漏或断电，报警器会及时报警，并及时采取措施确保家宅安全。

自动复位并重启系统：如果输电线因为闪电或电压过高而产生线路电压浪涌，导致跳闸，自动复位并重启系统可以自动重置、复位并启动系统。

关键词三：节能

智能家居关注环境及电力和能源的合理化使用，可以随时显示和监控水、电、煤气的使用情况，有效地控制用电量，精确地管理室温调控，根据不同的管理区域来调节室温。

这一体验的实用功能主要如下。

能耗显示：显示水、电、煤气的即时使用量和累积使用量。

电力负载的管理：电力负载管理监控主要家用电器的用电情况，避免因超负荷而引发停电所造成的不便。

温度控制：室温控制对家中不同区域的温度进行管理，根据需要创造舒适理想的室温。

空调控制：触摸屏也可以控制空调系统的运行。

关键词四：远程控制

通过手机 APP，即使你不在家，也可以掌握家里情况，并且竭其所能保证网络传输数据的安全，防止各类欺诈性行为。

这一体验的实用功能主要如下。

接收报警和故障信号：你会在第一时间内获得任何问题或紧急情况的相关信息，并激活监控操作（如接收到带报警区域图片的邮件）或通过操作保证家宅安全（如发生煤气泄漏时，关闭安全电磁阀，并打开窗户保证空气流通）。

发送指令、显示图片及执行预定计划：通过远程控制方式或短信方式，你可以向家中智能系统发送指令，打开灯光和窗帘、激活场景模式、控制室温和显示图片，还可以激活定时或与事件相关的方案或程序。

远程检查水、电、煤气的用量：使用联网的智能手机，你可以远程监控水、电、煤气的用量，查看累积图或即时用量。

第二章

全屋智能

智能家居系统，可由手机 APP 一键控制全屋家电，起床洗漱时，营养早餐已经做好；用餐时，音响自动开机，提醒你按时上班；下班前，可以提前预约热水器，步入家门前那一刻，系统识别主人信息后灯光将自动开启，褪去一身疲惫后，可先酣畅淋漓地洗个澡，音箱可以根据语音指示播放自己喜欢的音乐。

这些，并不是梦，而是智能家居的畅想和未来。

随着技术进步、产业发展，智能家居从商业应用逐渐走向家庭，让我们的生活更简单、便捷、丰富多彩。

第一节　智能家居控制是如何实现的

在家居中，灯光、窗帘、空调等不同的设备原本是由不同的面板分别进行控制。智能家居可以把不同类型的设备控制统一到一个面板上，从而实现多种"智能"的控制模式。利用综合布线、网络通信、安全防范、自动控制、语音视频等多种技术，智能家居控制系统可以对家居生活的有关设施进行高效集成，并实现住宅设施的高效利用与家庭日常事务的控制管理。

智能家居控制系统是智能家居的核心，是智能家居控制功能实现的基础，涉及的相关产品主要包括控制主机、智能手机与平板手机、平板电脑及智能开关等。

控制主机又称智能网关，是智能家居的组成部分之一，也是家庭网络和外界网络沟通的桥梁。由于不同的智能家居使用了不同的通信协议、数据格式或语言，因此，需要控制主机对收到的信息进行"翻译"，然后对分析处理过的信息进行传输，再通过无线网发出。

控制主机的主要功能包括传统路由器的功能、无线转发功能和无线接收功能。无线转发和无线接收功能可以将外部所有信号转化成无线信号，当人操作遥控设备或无线开关的时候，控制主机又能将信号输出，完成灯光控制、电器控制、场景设置、安防监控、物业管理等一系列操作，或通过室外互联网、移动通信网向远端用户手机或电脑发出家里的安防管理等操作。可以说，控制主机就是智能家居的"指挥部"。

智能开关是指利用控制板和电子元器件的组合及编程，以实现电路智能开关控制的单元，包括智能面板和智能插座等。和机械式墙壁开关相比，智能开关无须接零线，无须重新布线，无须对灯具改动任何接配件，可随意贴在任何位置，代替原有的墙壁开关。智能开关既能手动开关控制，也可遥控开关控制，同时还可配合智能主机进行情景模式等集中控制。

未来，智能家居设备自动化程度和交互方式将会发生进一步变革，从而也将引起控制方式变化。例如，从手机控制、语音控制、手势控制、触控面板等方式进化到感应式控制和自适应控制，随着智能产品联动范围的扩大，针对家居场景下的不同环境实现分布式感知和分布式控制也可能成为现实。

人和智能家居之间存在交互与控制的关系，如何通过技术帮助人们把交互路径变得更短、产品体验更便捷是智能家居的价值所在。少的交互就是好的交互，也就是说让用户感知到尽可能少的交互，才能使其体验最佳，也许，人与智能家居的交互最终会走向无感化，这也将直接影响到今后的控制方式。

第二节　那些典型的智能应用系统

针对不同的应用场景和功能诉求，智能家居包含了若干典型的智能应用系统，这些系统则由相应的智能硬件、智能服务器、智能应用软件、云服务管理平台等构成，吸引海尔、上海紫光乐联物联网科技有限公司等一大批企业投入全屋智能典型应用的研发和推广。

一、智能门锁子系统

智能门锁子系统可以具有开锁联动功能。开锁时会联动灯光、窗帘、音乐、空调、新风、热水器、电视机等。当你回家开锁之后，家中灯光、窗帘、空调、电视等设备即可自动开启，而不需要人为操作。这些功能可以根据时间的判定而有选择地实现，如果是白天回家，就不需要开灯；如果是晚上回家，就联动灯光开启。

这个真的是智能吗？这是设备之间的互联。智能的另一个好处是具备身份识别功能，智能门锁要识别出来是"我回来了"，还是"我的家人回来了"，因为每个成员的生活习惯是不一样的，回家所要开启的设备也是不一样的。例如，女士回家，比较喜欢听音乐、比较注重隐私，所以回家后，除了打开灯光之外，她还需要开启音乐、关闭窗帘，而男士回家，比较喜欢看电视，又比较喜欢宽敞明亮，所以回家后他会打开电视的同时把窗帘打开。

但是这会有冲突问题。例如，现在男士已经在家，正在看球赛，正是情绪激昂的时候，而这个时候女士回家，窗帘缓缓关闭，音乐也同时开启。这会不会影响男士看电视的情绪？所以在实现身份识别的时候，智能门锁还需要判断家中是否有人，如果家中无人就可以执行回家场景；如果已经有人在家，第二个回家的人只需要实现部分功能，避免因为设备冲突造成不和谐。

智能门锁子系统还可以具有防挟持功能。如果在开门的时候有人挟持你要求打开家门，你不需要使用常规开锁的指纹，而是可以用提前设定好的特殊指纹开锁。录入指纹后，门也会开启，但是智能家居系统会给物业和你的家人发送通知消息，提醒他们你遇到紧急情况，需要他们及时救援，保障你的人身安全，避免财产损失。

二、智能照明子系统

1. 远程控制

在任何一个房间，用手机控制所有灯具的开关亮度或色彩。当你躺在床上的时候，想起客厅或者卫生间的灯还没有关，可以直接用手机关闭。你还可以在卧室关闭孩子房间的灯光。

通过手机，实现对灯光或情景的远程控制。晚归前或者度假时，此功能可以模拟主人在家时的灯光状况，以迷惑可能出现的窃贼。

出门之后，人们总会纠结有没有关家里的灯，或者有没有关燃气。以前，你可能就得再回家检查一下，安装智能家居相关系统之后，可以直接通过手机查看家中所有设备的运行情况。如果有设备没关闭，就可直接通过手机远程关闭，即便你身在千里之外，家也实时掌握在你的手中。

一些买别墅的人为什么要寻找智能家居产品？就是因为自身生活的痛点，每次关灯的时候很麻烦，需要每个房间检查一遍甚至好几遍。智能家居可以根据需求设定场景，实现场景控制，如一楼全关、二楼全关或整层全关，操作简单快捷，避免了烦琐的操作，节省了很多时间。

2. 手动控制

触控面板，超灵敏反应速度。如果网络出现问题或者手机出现问题，智能照明子系统应该可以通过手动来控制。

3. 全开全关

照明系统实现一键全开和一键全关。当你在入睡或者是离家之前，你可以按一下全关按钮，照明设备将全部关闭，免除了你检查全部房间的烦恼。

4. 情景联动

智能照明系统还能够和安防系统联动，当有警情发生的时候，家里的灯会不停地闪烁报警。

5. 定时控制功能

每天早晨在某个设定的时间点，将卧室的灯光缓缓开启到一个合适亮度；深夜降临时，自动关闭全部灯光。特别是针对老人和孩子的定时关灯，不仅可以保护视力，还可以优化睡眠质量。

6. 语音控制

用语音开启和关闭灯光，唤醒场景。

7. 软启功能

开灯时，灯光由暗渐渐变亮；关灯时，灯光由亮渐渐变暗。因此可避免亮度的突然变化刺激眼睛，以保护视力。

8. 明暗调节

调节不同灯光的亮度，为你创造舒适、温馨的气氛，柔和的光线给你一个好心情，少而暗的光线帮助你思考，多而亮的光线使气氛更加热烈。

9. 色彩调节

一个温馨浪漫的场景，用于调节心情，还可以根据音乐改变灯光颜色和亮度。

10. 关怀提示

孩子或老人关灯睡觉，妈妈的手机上可以有提示信息。

三、智能窗帘子系统

1. 手机控制

手机控制窗帘的开和关，也可以设置窗帘的开启比例。

2. 手动控制

只需要轻轻一拉，窗帘就会自动打开或者关闭（软启动），窗帘开合没有任何声音。

3. 全开全关和情景记忆功能

睡觉时一键关闭家里所有窗帘；风和日丽时，一键开启全部窗帘。

4. 语音控制

智能窗帘系统能够听懂主人的话，睡觉时只用语音发布指令，卧室窗帘就会缓缓关闭。

5. 环境感应

感应到室外温度过高、光线过强、室外环境污浊时，都可联动窗帘关闭，让你的生活环境健康无忧，给家人最健康的呵护。

四、智能窗户子系统

通风换气是窗户的重要功能之一，智能对窗户的价值主要体现在如何合理地实现通风换气。

1. 远程开关

忘记关窗户，上班路上可以通过手机关闭。窗户什么时候开，开多长时间，完全由你自己掌握。

2. 风雨感应

早上风和日丽，你把窗户打开，但是天气变化莫测，你刚到公司，暴风骤雨可能就来了。但是这个时候你不用担心，风光雨监测器会实时监测室外的刮风和下雨情况，如果监测到刮风或下雨，会直接联动家中窗户关闭，避免造成不必要的损失。

3. 温度调节

室内温度过高时，空调打开，窗户自动关闭。

4. 环境感应

可以和环境探头相结合，实时监测室内的甲醛、粉尘颗粒、二氧化碳等，当含量超过标准值时就会联动窗户开启，改善室内空气质量。

五、智能空调子系统

1. 远程控制

炎热的夏天，回家路上通过 APP 可开启家中的空调，回到家就能立刻享受凉爽。

2. 温度智能感应控制（恒温）

夏天温度高于某一温度（如 30 ℃）时，自动开启空调制冷功能；冬天温度低于某一温度（如 25 ℃）时，自动开启制热功能。始终让家人处于舒适的室内环境中，呵护家人健康。

3. 温度锁定功能

孩子或者老人，只允许在设定的温度范围（如 24 ~ 28 ℃）内控制空调。

4. 手机控制

可以通过手机远程查看家中所有空调。父母在卧室就能知道孩子屋里的温度，并进行温度调控，让关爱无距离。

5. 语音控制

可语音控制空调的开关，设定温度。

六、智能地暖子系统

1. 远程遥控

回家前若干时间，远程开启家中地暖预热。

2. 温度自动调节（恒温）

根据室内温度，调节地暖温度至人体舒适温度。睡眠后温度上升到合适的温度。

七、智能空气净化系统

1. 空气自动净化

智能空气盒子实时监测空气中甲醛、二氧化碳、$PM_{2.5}$ 等有害气体的浓度。一旦某项数值超标，根据室外情况，自动选择启动净化设备，进行空气通风及净化，如果外边天气好，可打开窗户，如果室外天气不达标，开启空气净化器。

夜晚睡觉时，可根据房间内二氧化碳浓度，自动启动新风系统或空气净化器进行空气过滤置换和空气净化。

2. 远程控制

回家路上通过 APP 提前打开新风系统，给家里通风换气。

八、智能环境监测与治理子系统

1. 监测数据

实时监测室内光照度、温度、湿度、粉尘颗粒、甲醛、二氧化碳浓度。

2. 智能联动

根据光照度，自动调节室内灯光亮度；根据室内温度，智能控制空调、地暖的运行，保持最适宜的温度；根据室内湿度，智能控制加湿器运行，保持室内湿度为健康范围；监测到室内粉尘颗粒、甲醛、二氧化碳浓度超标，自动打开空气净化器、新风、换气扇、窗户，改善室内空气质量。

九、智能背景音乐子系统

1. 情景联动

步入家门，背景音乐响起；进入厨房准备晚餐，灯光打开、厨房电器通电、抽油烟机打开、背景音乐响起，在轻松愉快的备餐心情中，完成美味的家庭盛宴。

2. 语音操控

休息锻炼时，只需要用语音发出指令，背景音乐自动播放，氛围灯打开，窗户纱帘关闭，空调调至 25 ℃，新风系统打开。

十、智能家庭影院子系统

1. 一键观影

一键打开投影仪、功放、蓝光机、音响、投影幕布、吊架、空调、新风系统，同时关闭窗户、窗帘、灯光，轻松操作。

2. 一键结束场景

一键关闭投影仪、功放、蓝光机、音响、投影幕布、吊架、空调、新风系统，同时打开灯光、窗户、窗帘，避免了烦琐的操控。

3. 一键 K 歌/一键游戏/一键暂停/一键结束

只需轻轻一点，所有视听设备逐一开启，灯光、温度、湿度自适应且自调节至最舒适的状态，再也不用手忙脚乱地调试和选择，各年龄段家庭成员均可告别烦琐，尽情享受视听盛宴。

十一、智能插座子系统

1. 远程通断电

通过 APP 远程控制插座的通断电。

2. 儿童锁功能

关闭插座后自动打开童锁功能，插座不会通电，从根源上防止儿童触电。

3. 权限管理功能

如果没有完成作业，孩子就无法玩电脑、看电视。

4. 定时通断电

饮水机与加湿器可以设置定时通断电。饮水机长期不断电，会造成矿物质水的反复加热，并且造成能源浪费。智能插座可以根据你的生活习惯，定时开启饮水机。

5. 手动通断电

按下插座面板上的按键，可以切换通断电状态。

6. 断电恢复功能

人性化智能记忆功能，意外停电，来电后设备恢复断电前的状态。

十二、智能安防子系统

有了智能门锁、摄像头、报警器、煤气泄漏探测仪和漏水检测器等这些智能家居设施后，不管你身处何地，再也不用担心家的安全问题了。

智能门锁是第一道安全门，有的智能门锁有指纹、密码、钥匙、磁卡、手机等多种开启方式。晚上回家，指纹或者密码开锁，通过联动，可以同时开启家中灯光、关闭窗帘、安防自动撤防。当在受到挟持的情况下，用报警指纹正常开锁，防止歹徒疑心，与此同时，家人和物业会即刻收到后台发送的报警信息或者报警电话。

摄像头让家随时随地掌握在手中。网络摄像头已不单只做防盗之用了，而是演变成了一个沟通交流的工具，可以和家中不会使用智能手机的孩子、老人实时沟通。安装网络摄像头后，你可以在手机上实时掌握家里所发生的一切，实现断电断网可持续运行、分区布防、自动联动抓拍、自动与场景联动布防或撤防、360度旋转实时查看等。

声光报警器让盗贼望而却步。全家出游总担心家里会不会被盗，那不妨给家中安装一台声光报警器，即使你在千里之外，家中一旦发生匪情，也能第一时间知晓并及时报警。一旦监测到小偷入室行为，自动报警给用户和物业，并通过发出高音和光，起到吓退小偷的作用。

红外人体探测仪在布防状态下，如果监测到有人经过，系统会自动给用户手机发送报警通知，提醒用户有人闯入。

厨房也是家中需要考虑安全问题的地方。如果家里有老人和小孩，当他们独自在家做饭的时候，经常会忘记关掉煤气或者水龙头而引发危险。为避免此类危险，可以使用煤气泄漏检测器和煤气开关机械手。煤气泄漏检测器监测到家中煤气发生泄漏，一氧化碳浓度超过安全阈值，马上联动机械手关闭煤气阀门，并打开窗户、排风扇进行通风换气，并将报警信息第一时间发送给用户。

智能无线漏水监测器能够在家中管路泄漏时及时提醒你，实时监测周围环境，检测到漏水时能迅速将报警信息推送至用户手机。

红外幕帘探测器安装在窗户旁边，可以形成一道由红外线组成的安全屏障，从内往外打开窗户时不报警；如果有人从外闯入，就会触发报警系统。

智能门窗磁安装在门和窗户上，在布防状态下打开门窗，立即触发警报。

红外电子栅栏安装在院墙或阳台上，如果有人在布防状态下通过，就会触发报警系统。

高清室外摄像头通过云服务，可与全屋智能家居完美配合，实现红外人体探测、窗磁、门磁等设备智能联动，实现自动抓拍上传。

十三、智能睡眠子系统

1. 睡眠监测

实时监测睡眠时的心率、呼吸、翻身、离床时间、起夜次数，出现异常立即报警，远在千里之外的儿女也能及时了解父母的身体状况。医疗级准确度，给你最高品质的监护。

2. 智能联动

熟睡后，自动关闭灯光和窗户、窗帘，调节室内温湿度，为家人创造一个舒适的睡眠环境；晚上起夜，自动打开床头灯光、卫生间灯光，回到床上，所有的灯光自动熄灭。

3. 关爱呵护

妈妈可以通过 APP 监测儿童的睡眠状态，监督孩子作息习惯，帮助孩子健康成长。

4. 健康报告

实时监测并记录睡眠情况，从而形成睡眠质量评估报告，随时了解自己和家人的睡眠状况；在高强压的工作下，根据自己的睡眠报告，及时调整自己的作息和生活心态，以一个更佳的状态迎接美好的生活。

十四、智能语音子系统

让家居设备听懂你的话。真正解放你的双手，享受生活，享受人生，享受智能时代。现在只要你一声指令，所说即所得。

1. 场景执行

能够语音控制场景执行，只需你的一句话，就可执行晚餐模式、睡眠模式、健身模式等。

2. 语音播报

回家后自动语音播报室内环境，环境超标时，语音提醒。

3. 音乐陪伴

儿歌、故事、戏曲、在线高速全库资源介入，随时在线聆听。

4. 生活助手

播报室内外天气状况、交通路况信息，给予出行提醒；具有美食查询功能；万年历功能能提醒你的家人和朋友的生日。

十五、智能家电控制子系统

一部手机替代所有遥控器，让你随时随地控制家中各种电器。

1. 红外控制

操作电视机、空调、音响、蓝光 DVD、机顶盒等一切红外家电。

2. 传统家电秒变智能

无须购买智能家电，一个 APP 实现传统家电的智能化控制。

3. 定时指令

定时开启或关闭家电。

第二篇

给生活加点智能

10年前，没想到我们会如此离不开智能手机。10年后，我们是不是也会惊叹自己如此离不开智能家居？

智能家居本身是一个以功能为导向的系统，不仅要感知生活，还要提升生活质量，让生活更便利、更有效率、更舒适。现阶段，智能家居"不够智能"依然是消费者的吐槽点，很多智能家居依然仅仅是通过手机远程控制各种电器或接收其反馈，并且各个智能家居厂商之间技术标准不统一，平台不兼容。虽然如此，但各种智能用品正在快速进入寻常百姓家，中国的智能家居市场将逐渐成为全球智能家居市场增长的重心。

当然，智能家居还处在一个高速发展的阶段，其在家庭中的应用前景非常值得期待。对于社会大众来讲，在家中添置一些智能家居产品，将会成为一种消费趋势。调查显示，智能电视、智能电灯、智能空调、智能摄像头、智能洗衣机、智能电冰箱和智能空气净化器成为用户最想购买的智能家居产品。

第一章 ●●·· ·

为已装修的房子再加些智能家居

如果想要一套全屋智能系统，装修之前，将原本独立运行的灯光、窗帘、新风、地暖、空调、影音娱乐、安防报警等系统，整合到同一平台协同工作，做到装修与安装智能家居同步，这将是最完美的。然而，如果房子已经装修好了，想实现智能家居也不是不可能。

目前，无线智能家居技术已经很成熟，不需要布线，只需要更换插板、开关、加装部分电机产品的电源，就可以在一定程度上实现智能化控制了。

其实，智能家居很简单，最主要的"大脑"集中在它的主机和传感器。有了这两个东西，就可以让家充满"科技感"。以 UIOT 超级智慧家智能插座的应用为例，只需要把家里的电器，如落地灯、热水壶、加湿器、空气净化器、空调等连接到智能插座上，设置对应的场景，解决了布线和用电问题后，所有的智能家居就可以任意选择。

从灯光控制到全屋电器控制，从窗帘控制到环境感应，从智能门锁到安防监控，智能家居包括的产品品类众多，并不是所有的智能产品都为每个家庭所需。因此，在采用智能家居之前，首先要根据自己的实际情况，确定自己需要什么。爱音乐的人可以安装家庭影音系统；对长期忙于工作、没有办法照顾老人和小孩的人来说，为了更方便地照顾家人，可以安装监控系统等。

　　确定需求之后，要根据具体需求不同，选择不同的产品。例如，智能门锁可以实现大门的智能开启、安防监控等；烟雾传感器、人体传感器、漏水监测器等可以根据环境的变化做出判断。

　　智能家居的安装使用与普通的家具、电器不同。智能系统有一个优势，能够根据用户的生活模式做出调整。因此，根据智能家居收集到的用户生活习惯的数据，可以定制出适合家庭的情景模式。例如，一键关灯、一键会客情景模式、到家前开空调及亮灯等，这种人性化的模式制定，能够大大提升生活的品质感。

第二章 ●···

智能单品

早期的智能家居市场主要针对高净值人群，市场远没有规模化的迹象。2013—2014 年，智能单品出现并且日益发展起来，2017 年，智能门锁、智能音响兴起。随着主要的智能家居系统平台及大数据服务平台搭建完毕，下游设备厂商完善，市场上智能家居硬件产品不断增多，并在消费市场中日渐普及，推动市场不断走向规模化，智能家居已体现在生活的方方面面。

第一节 智能音箱

带屏智能音箱的某些功能如下。

音乐曲库内容丰富，歌词实时显示，可以边听边看歌词，边听音乐边看 MV；随意设置歌曲、歌手、类型、场景，收藏歌单，早上在悠扬的音乐中醒来，还可以拍摄视频作为闹钟；拥有海量的视听资源，包括电影、电视剧、综艺、动漫，一句话轻松点播；作为智能家庭中控台，实时展示智能设备状态信息，轻轻一点或者一句话就可以控制智能灯、智能插座、空气净化器、空调、扫地机器人、电饭煲、传感器、智能开关等各种智能设备；与智能门铃联动，有客人来访按门铃，音箱屏幕实时显示门外画面，与智能摄像头联动，一句话就可以查看摄像头监控画面；为小朋友定制寓教于乐的内容，图文并茂地向孩子生动地讲解各类问题，精选绘本故事、动画片让孩子的童年更加多姿多彩；作为家庭相册，随时播放家庭照片，留住记忆中的美好……

智能音箱不是传统音箱的智能化，而是一个全新的智能化硬件产品。无屏的智能音箱让人们的生活进入语音交互的场景，带屏智能音箱可以视频通话、观看视频，可以在语音外增加更多交互方式，进而满足更多场景，完成更多任务，获取更多用户。

据 Strategy Analytics 的研究显示，全球智能音箱 2018 年第四季度出货量增长了 95%，达到 3850 万台，这超过了 2017 年的总量，并使 2018 年的总量达到 8620 万台。带屏智能音箱 2018 年第四季度出货量占总出货量需求的 10% 以上。市场正处于高速增长的智能音箱，已接棒智能手机和智能电视，成为又一个规模巨大的智能设备品类，也成为科技企业巨头们抢夺智能家居市场的一个入口。可以预见，今后更多家庭的客厅都会有一台以上的智能音箱。

第二节　智能家电

万物互联时代，家电和家居融合的大趋势已成定局。作为智能家居的组成部分，智能家电能够与住宅内其他设施互联并组成系统，实现智能家居功能。

一、智能电视

智能电视具有全开放式平台，搭载了操作系统，可以由用户自行安装和卸载软件、游戏等第三方服务商提供的程序，通过此类程序不断对彩电的功能进行扩充。连接网络后，智能电视能提供 IE 浏览器、全高清 3D 体感游戏、视频通话、家庭 KTV 及教育在线等多种娱乐、资讯、学习资源，可以实现网络搜索、视频点播、数字音乐、网络新闻、网络视频电话等各种应用服务。用户可以搜索电视频道和网站，录制电视节目，能够播放卫星和有线电视节目及网络视频。

在 5G、AI、IoT 等技术共同推动下，智能电视扬帆而起，未来发展潜力巨大，前景越来越开阔。消费升级和大屏交互升级，正在助推智能电视成为家庭场景核心。未来的智能电视将以"人"的需求连接家庭的每个个体，连接家居的智能设备，对家庭"全场景陪伴"进行定义和设定，拓展亲子陪伴、审美陪伴、生活管家、娱乐陪伴等智能化场景。可以预见，5G、4K/8K 超高清、人工智能、AIoT 将是未来彩电的关键点。

二、智能空调

智能空调拥有自动识别、自动调节及自动控制的功能，能够根据外界气候及室内温度情况进行自动识别，然后对温度进行控制调节，还可以通过手机进行远程操控，甚至可以联网。就算没有人操作，智能空调也能够根据现在的环境和温度来自我调节，避免环境中的湿度太高，而且在电路发生故障的时候具有自我保护的功能，在空气质量比较差的时候能够自发地调节空气质量。

智能空调与变频空调是 2 个不同的概念，变频空调主要是指在空调中运用了变频技术，让空调在工作的时候频率发生改变，让空调运作的声音不会太大，推送出来的风能够让人们感觉到更加舒服。智能空调可以是变频智能空调，也可以是非变频智能空调；变频空调也可以运用智能系统，也可以不运用智能系统。

未来的智能空调不应过度依赖手机操作，应该具备人体感知能力，如它能自动感知人的存在、位置及人数的多少，通过机器自身的计算，实现环境与人的最佳适配。为此，空调后端云平台必须存储海量的与"舒适"相关的数据。

从发展演变来看，家用空调可以分为以下几个阶段：第一阶段是手动控制。第二阶段可实现手机远程控制，回家前开空调、远程关空调。第三阶段的智能空调依托家庭智能网关／主机，通过智能温控器、红外家电控制器等部件，可以实现感应温控，温度高时自动开空调，还可以实现场景联动，开空调时可自动关窗帘，一键可以关闭全部空调、灯光、窗帘等。第四阶段则在云计算基础上，无须开关，实现温度自动适应，睡眠后温度上升到合适的温度，还可以根据天气和个人习惯调整温度。

三、智能冰箱

传统冰箱都是手动的，想要控温或是了解食材的保鲜度，都需要自己查看，有时不知食物什么时间就过期了，不仅需要丢掉食物，甚至还要花时间清理一下冰箱。

智能冰箱可以实现无线连接，通过手机 APP 能随时操控冰箱，还能查看冰箱温度、运行模式、食物存储情况、是否过期等。智能冰箱内置温控传感器，可实时感应冰箱内部的变化，精准监控冰箱内的温度，自动调节变频压缩机的工作效率和风机转速，人性化调整冰箱内部的温度，延长食物的保鲜程度。

当你不在家时，不知道还要买什么食材，可以打开手机 APP，看看冰箱中哪些食材没有了，以确定需要采购的食材。当把一个食物放进智能冰箱后，冰箱可以识别并跟踪食物的保质期，轻松辨别食物的新鲜程度，一旦临近过期，冰箱就会通过手机智能提醒，让你优先处理这些食材。

四、智能洗碗机

将要洗涤的餐具放入洗碗机，打开水龙头，一按电钮，自动完成操作，尽可放心地去做其他事情。智能洗碗机的烘干系统能够主动换气，排净水汽和霉菌，实现抑菌储存，保持机内干燥。智能洗碗机可以通过手机控制，调节洗涤次数、洗涤温度、干燥温度等。

智能商用洗碗机在硬件上包括传感器、芯片、通信模块等多种智能硬件设备。这些智能硬件设备组成了一整套物联网硬件体系：多种传感器可以获取水温、用水和用电量、洗涤筐数、违规操作等洗碗机核心数据。当前智能商用洗碗机中的传感器主要包括：温度传感器、电量传感器、水位传感器、干簧管传感器、水流量传感器、接触器状态传感器、旋转编码器、极限温度传感器等。传感器能收集数据，但是其本身并不能对数据进行分析和整合。这些数据将以信号的形式传递给芯片，由芯片对信号进行处理，分析后的信息会传递到通信模块。智能通信系统包含了蓝牙模块，蓝牙可以用于电脑、手机调试及控制洗碗机。

第三节　机器人

人工智能是引领新一轮科技革命和产业变革的重要驱动力，正深刻改变着人们的生产、生活、学习方式，推动人类社会迎来人机协同、跨界融合、共创分享的智能时代。机器人将会遵循个人电脑和手机的发展轨迹，并颠覆前者被动交互的模式，开启主动的人机交互，与个人电脑、手机一样进入千家万户，未来人与机器人将一起生活。目前随着机器人技术的深入发展，以及 5G 时代的到来，机器人的智能程度不断提高，将进一步拓宽应用领域。

优必选公司在 2018 年 9 月发布了悟空机器人，不仅是家庭娱乐、孩子教育的好伙伴，而且悟空机器人在智能家居方面也做了一些探索和尝试。作为新一代智能家居控制入口，悟空机器人与腾讯叮当平台连接，可以跨厂商接连到多种智能家居设备，如欧瑞博、欧普照明等，不仅支持红外、ZigBee、WiFi 等多种智能家居设备接入方式，还可以按住户喜好自由搭配智能家居设备。

此外，优必选研发的一款大型仿人服务机器人 Walker，身高 1.45 米，具备优良的硬件素质、卓越的运动能力及突出的 AI 交互表现。它不仅拥有 36 个高性能伺服关节及力觉反馈系统，还拥有视觉、听觉、空间知觉等全方位的感知，并实现了平稳快速地行走和灵活精准地操作，可以在常见的家庭场景和办公场景中自由活动和服务。

在 2019 年 1 月的 CES 展会上，优必选在展台搭建了一个家庭场景，Walker 为家庭中的主人提供暖心服务。当主人回到家，Walker 通过语音互动，确认主人身份后通过智能家居接口打开灯，然后帮主人开门。进门后，主人说："Walker，帮我拿一下包。"Walker 会接过主人手中的包并把它挂到墙上。主人有点累，Walker 播放了一段放松的音乐并随着音乐来了一段即兴舞蹈，主人坐在沙发上说："帮我拿点食物。"Walker 听到后走到厨房，打开冰箱门拿水，然后再走到吧台旁拿薯片，最后拿着水和薯片走回沙发旁，递给主人。过了一会儿，Walker 主动提醒主人今天有约会。在主人准备出门前，Walker 通过主动获取天气信息得知当天可能会下雨，便走到雨伞放置处，取出雨伞，然后拿给主人。在主人出门后，Walker 会主动关掉家中电视、电灯等设备的开关（图 2-1）。

图 2-1 Walker 在某展会上展示打开冰箱取饮料

作为家庭伙伴，Walker 可以帮助家人完成简单的家庭服务。灵活的移动能力使得 Walker 可以在家中自由行走。Walker 灵巧的双臂能够取放多种物品，如开关门、拿日常生活用品、拎包、开冰箱取饮料、端茶倒水，解放用户双手。智能的交互能力，可以让 Walker 为家人提供各种资讯信息、提醒、教育知识、休闲娱乐等服务。Walker 也可以作为家庭智能控制中心，帮用户完成智能家居控制。

机器人可以在人类生活中扮演更重要的角色，与人类产生更亲密的情感联系。机器人具有人形化的外观非常重要，这是与人类建立情感联系的基础，在此基础上，那些与人类相同的行为举止，才能触发人类的同理心，进而取得彼此的信任。同时也只有人形机器人才能完全适应人类环境，才能真正无障碍地融入人类生活。人类的交互方式一直在变革，人形机器人将成为下一代消费级的人机交互中心。通过情感识别，机器人可以感应人类情绪，从被动式交互迈向主动式交互，与人建立信任并成为人类的家庭成员。相对于传统机器人，大型人形机器人具备灵活的行走能力和精准安全的操作能力，可以实现复杂的任务，进而影响人们的生活方式。

第四节　令人眼花缭乱的若干智能单品

一、智能水杯

与传统保温杯相比，智能水杯有何不同？

水温显示：避免烫伤危险。传统保温杯没有水温显示，很多人都有过喝水被烫伤的经历。智能水杯的水温显示功能可以将水温实时显示在水杯屏幕上，让你时刻知晓水温，避免被烫伤的危险。如果温度过高的话，还有高温预警显示。

水质检测：关注饮水安全。智能水杯的水质检测功能，可以帮你检测出所喝饮用水的 ppm 值，数据准确显示在水杯屏幕上，让喝水更加安全。

饮水提醒：科学饮水提醒。忙碌的上班族和学生，尤其是经常需要加班的人，往往一忙起来就忘了喝水，结果也让自己的身体健康状况日渐下降。按照医学上的建议，一个人每天应该达到 2 L 的饮水量，而且一定不能等到觉得口渴了再喝水。智能水杯通过芯片当中内置的程序，可以及时提醒用户喝水，帮助用户养成良好的饮水习惯。

二、智能药盒

智能药盒集智能、简易、实用于一体，可以调控用药时间与频率，可以让病人或者病人家属对服药者进行及时提醒或者智能提醒，有效帮助中老年人养成良好的服药习惯；也可以基于智能手机 APP 实时监控服药时间，并同步用药数据，自动生成服药健康管理档案。

智能药盒的功能通常包括：智能药盒按时提醒吃药，干预与培养健康的服药习惯；通过 LED 灯指示填药与服药；药盒中所剩药物不多时提醒填药；忘记携带药盒（或手机）出门时，手机（或药盒）会发出声音提醒主人；自动记录服药记录，可随时通过手机安装的 APP 查看；可在服药过程中将用药的情况、身体状况的信息随时记录到 APP 中，以便未来进一步完善治疗；实现数据云备份，存储方便，数据不易丢失。

三、智能手环

微信、QQ、邮件、手机来电信息直接显示、振动提醒、来电识别接听与拨打，再也不会因手机放在包中而漏掉重要信息。智能手环优越的防水功能使你在游泳、洗浴时也不会错过重要信息。

智能手环支持健康管理、心率检测、睡眠数据采集、健走跑步计数、骑行信息、久坐提醒、无线充电等功能。运动数据抬腕可见，使运动成为一种时尚。手环内置的事件提醒、振动闹钟，让你不会错过任何一场重要的日程安排。

四、智能运动手表

智能运动手表在可穿戴装备里面是个很大的门类，具备计步，睡眠监测，手机第二屏（电话、短信、APP 通知），心率监测，GPS 轨迹定位等功能。

智能手表除了有传统的手表功能外，还有部分智能手机的功能及健康状况监测功能。例如，实时收发短信、邮件，并且可以及时查看手机来电；内置计步器功能，可以实时监测运动状态；通过配件可实现血压、脉搏、GPS 等数据获取；天气实时查询，不仅可以查看天气状况，还可以查看污染指数；WiFi 独立上网，可下载各种软件，丰富娱乐功能，如发微博、聊 QQ、看新闻、随意享受；蓝牙听歌、GPS 实时轨迹、运动心率监测等。

五、智能灯

智能灯不是传统灯具，而是智能设备的一种，除了智能灯体，还有一个手持智能控制设备。智能灯控制设备具备计算能力和网络连接能力，通过应用程序，功能可以不断扩展。

智能灯基本的功能包括：智能控制；不同灯光效果与生活场景匹配；创作灯光效果；分享灯光效果；光与音乐互动；助睡眠、季节性情绪障碍治疗等提升健康的功能；助约会、就餐、健身等灯光氛围提升幸福的功能。

从发展演变来看，智能照明经历了这样几个阶段：第一阶段是机械开关，包括拉线（绳）开关、墙壁拨动开关、86 型指压开关、86 型跷板开关等。第二阶段是手机智能开关，内置通信芯片，可以实现手机关灯，离家时可以远程关灯，可以定时关灯，还可以为老人和孩子的房间关灯。第三阶段是情景开关，基于智能中控，实现情景照明，在家庭智能网关或主机的控制下，按照不同的情景模式提供照明。第四阶段是感应照明，基于智能中控 + 传感器，实现感应照明。例如，通过人体感应，可以实现人来灯亮、人走灯灭；通过亮度感应，实现天亮关灯、天黑亮灯。第五阶段是基于云计算中心的大数据计算能力，实现智慧化照明。依托云计算和大数据技术，分析和学习用户习惯，无须设置，阅读和看电视的灯光需求会自动适应，灯的开关完全符合个人生活习惯。

六、智能呼吸窗

随着城市建设的高速发展，在你的窗前，一条条马路纵横交错，一辆辆汽车穿行不息，一幢幢高楼拔地而起。室内装修的变化也风格迥异，装修材料及化纤制品中的苯、甲醛等有害气体的散发，使得开窗通风换气的问题已成为两难选择。

　　智能呼吸窗立足于健康空间的装修格局，源于人们追求健康生活的真实体验，并将开窗通风的能源浪费、噪声大、污染物三大问题融于产品解决方案之中。

　　智能呼吸窗使用的感应系统，可对室内烟雾、甲醛、二氧化碳、臭氧、异味等有害气体进行智能检测，发出指令给排风系统以控制风量大小，将有害空气排出室外；同时将室外新鲜空气通过空气过滤器、风压缓冲器、噪声减震器等设备引入室内，在无直吹感的同时形成大循环空气对流，实现不开窗便能净化室内空气的目的。

七、智能窗帘

　　随着生活节奏的日渐加快，睡到自然醒变得越来越奢侈，每天不得不在刺耳的闹铃声中爬起来。

　　智能窗帘可以设定开启或关闭的时间，或是只需要一句话就能控制家中所有的窗帘。如果是在周末的时候，想要睡到自然醒，那就可以设置好窗帘的自动开启时间，让窗帘来替代烦扰的闹钟。

八、智能马桶

　　简便、舒适、卫生是智能马桶的特性。

　　对于很多人来说，冰冷的马桶是上厕所的一大挑战，装上马桶圈又很容易滋生细菌。智能马桶人性化设置，具有智能座圈加热的功能，用户再也不用忍受冰凉马桶带来的尴尬。此外，卫生间是一个很容易滋生异味和细菌的地方，现代智能马桶结合高新科技，通过特殊材质，具有抑菌、除臭的作用。特别对于老人和孕妇来说，智能马桶自动触感、洁身冲洗、暖风烘干等人性化设置，为用户带来更好、更舒适的如厕体验。相比于传统的纸巾擦拭，利用水流冲洗更加干净卫生，水流在冲洗的过程中还具有按摩的作用，能够有效促进血液循环，有效预防相关疾病。

九、智能马桶盖

智能马桶盖始于美国，原主要应用于医疗和老年保健。后来，日本引进并对其进行了技术改良。20世纪80年代，韩国推行厕所革命，投入大量资金开发智能马桶盖。使用智能马桶盖有以下好处：清洁生活，预防细菌感染，预防痔疮、便秘，预防癌变，呵护孕妇，保护肥胖者、老人及儿童。

以科堡 Coburg 智能坐便器为例（图2-2）。它的座圈自带抗菌抑菌功能，有效减少细菌滋生；座圈材质使用 PP 树脂，能自动杀菌除菌；内含纳米银离子成分，可以有效抗菌。科堡率先将无线充电技术应用到智能坐便器领域。每次使用完遥控

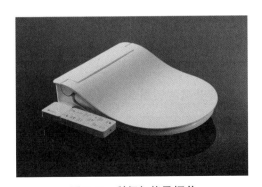

图 2-2　科堡智能马桶盖

器后，可将其放于侧边托板内，便自动完成充电，不需要电池，无需要二次充电。科堡还通过等离子发生器产生正负离子，散入空气之中，正负离子中和，释放能量，破坏空气中细菌结构，从而杀菌、除菌。多余的正负离子可继续消烟、除尘，消除异味，改善空气质量，带给消费者舒适的洁净体验。

十、智能孝心手机

"誉爵守护神"被称为智能孝心手机，是针对老年人群的一款安全智能的紧急呼叫手机，以定位导航、跌倒报警、安全栅栏、一键通话为核心功能，满足子女随时随地知晓父母健康状态、与老人及时沟通的情感需求，智能预防老人走失跌倒等问题，增强老人家居生活的安全性，主要具有 12 个安全守护功能。

①精准定位，让爱不再失联。可以在全国范围内实现北斗 /GPS 卫星定位、A-GPS 辅助定位、WiFi 定位、 LBS 基站定位四重定位，定位更加精准，误差 3 ~ 5 米，秒速定位追踪。

②跌倒报警，多一分安全保障。首创多轴跌倒触警传感器，当老人意外跌倒或身体处于不正常体位，预警器自动向家人发出电话和短信求救信号，子女可及时救援，避免悲剧的发生。

③安全栅栏，亲情的智能保护圈。给爸妈或孩子设置隐形保护墙，当其离开栅栏设置的安全范围时，手机会及时报警提醒，安全智能防走失。

④超长续航，让亲情持久相伴。采用 1000mA 大幅高压电池，提升续航时间 7 ~ 10 天，无忧待机时间，守护父母永不断电。

⑤智能导航，亲情永远不迷失。根据父母的动态移动路径，实现导航路线智能切换，即使父母在移动也能及时地找到。

⑥用药提醒，关爱准时抵达。可以提醒父母按时服药，具有定时及语音呼叫功能，帮助父母解决忘记按时服药的问题，做父母的专属家庭护士。

⑦一键寻呼，父母简单易操作。当父母遇到紧急情况或记不住号码时，可以一键按住求救按键，拨打给家人，及时处理突发情况。

⑧低电报警，陪伴守护永不间断。当电量低于 5% 时，自动发送低

电报警提醒，不怕父母忘记充电。

⑨亲情通话，照顾无微不至。简约设计、操作简单，父母可以一键拨打 3 个亲情号，多人监护，给他们无处不在的照顾。

⑩环境监听，陌生环境也能及时掌控。可监听父母所在环境的声音，迅速掌握老人周围环境情况，给予父母最安全准确的保护。

⑪云端交互，精准数据无偏差。设备端依托强大的云端平台服务的技术支撑，通过云计算，测量设备准确数据及位置信息，让子女在 APP 端及时准确地收到预警信息。

⑫医院药房，看病吃药快速查找。可向子女推送专业的医疗教育知识，子女可通过地图定位随时查找父母所在地附近的医院及药房，就近治疗、就近买药。

十一、智能扫地机器人

扫地机器人，又称自动打扫机、机器人吸尘器等，能凭借一定的人工智能技术，自动在房间内完成地板清理工作。一般来说，完成清扫、吸尘、擦地工作的机器人，统一归为扫地机器人。

扫地机器人前方设置感应器，可侦测障碍物，如碰到墙壁或其他障碍物，会自行转弯；机身通常为应用了自动化技术的可移动装置，采用刷扫和真空方式，将地面杂物先吸纳进入自身的垃圾收纳盒，从而完成地面清理的功能。

配合机身设定控制路径，扫地机器人可以在室内反复行走，遵循沿边清扫、集中清扫、随机清扫、直线清扫等路径打扫，并辅以边刷、中央主刷旋转、抹布等方式，加强打扫效果。

扫地机器人使用地图管理，可以精确记忆家居的位置，后续清扫时，实时监测周围环境的变化，并根据需要随时调整清扫区域。

十二、智能擦窗机器人

智能擦窗机器人主要是凭借自身底部的真空泵或者风机装置，牢牢地吸附在玻璃上。自动探测窗户的边角距离、规划擦窗路径，并在清洁完毕之后回到初始的放置位置，方便人们将其取下。

擦窗机器人一般会利用自身吸附在玻璃上的力度来带动机身底部的抹布擦掉玻璃上的脏污。目前，擦窗机器人市场种类并不多，原理大致相同。最先研发出这个产品的是科沃斯机器人，大概时间在2011年。

早期的擦窗机器人是只可以吸附在平整、光滑的玻璃表面的。也就是说，早期的设计者为了保证擦窗机器人吸附的牢固度，所以会对吸附玻璃的介质有比较多的要求。等到擦窗机器人技术发展得比较成熟之后，设计者对于擦窗机器人吸附介质的要求就变得宽松多了。

擦窗机器人采用先进的人工电子技术，可以长时自主不间断工作，自动规划清洁路径，全智能主机检测保护系统，断电时可提供电力防止因断电而掉落，同时系有安全绳起到双层保护作用。

十三、智能门锁

从诞生至今，智能门锁主要经历了条形码、磁卡识别、IC 卡识别、生物识别的发展过程。密码解锁的方便度非常高，几乎是每个智能门锁都会采用的解锁方式。APP 远程开锁，只需配置一个网关摄像机，同时手机上安装智能家居的 APP，可直接绑定微信或者 QQ，远程为亲朋好友开锁。相较于刷卡解锁，蓝牙解锁方便很多。如果有宾客来访却无法开门，就可以远程下发密码，让宾客通过蓝牙开门进屋。每个人的指纹在图案、断点和交叉点上各不相同，是唯一的，并且终身不变，所以很多智能门锁都会采用指纹识别技术。

现在应用得比较普遍的指纹解锁方案，有光学指纹识别与半导体活体指纹识别两种。相对于传统光学传感器而言，半导体传感器对于手指、指纹相对比较浅的人识别率会高很多，性能较好，安全性及防复制级别也会更高。半导体指纹识别份额或将逐渐超越传统光学式产品，成为未来智能门锁的标配生物识别解锁技术。

从发展演变看，门锁可以分为以下几个阶段：第一阶段为机械锁，用钥匙开锁。第二阶段为密码＋指纹锁，可以用数字密码或指纹解锁。第三阶段为手机智能锁，内置通信芯片，实现手机控制。可以为租户远程开锁，为父母和客人开锁，为司机、保洁开锁。还可以实现开锁提示，当孩子开锁时，父母会收到消息；当太太开锁时，老公知道可以回家吃饭了。第四阶段为智能联动锁，与家庭智能中控网关／主机连接，实现安防撤防、客厅开灯、窗帘关闭、空调制冷、打开电视等家居功能联动。家庭内物体和物体连接，双向通信，构成家庭物联网。第五阶段则基于云计算中心的大数据计算能力，赋予智能门锁更强的智慧和个性化服务能力，可以记录用户每次回家开启的灯光窗帘和空调配置，后期可以主动开启；回家开门后，根据不同的身份开启不同的灯光和窗帘；离家自动关闭电器并布防。

十四、其他

人工智能技术正在全方位地改进、升级既有的家庭用品，为各种各样的家用设备赋能。智能家居种类可达上千种，从广义来说，凡是具有智能功能的家居都可以称为智能家居，不仅点缀家庭环境，更为家庭生活增加"智能"。例如，智能充电器、智能闹钟、智能拐杖、智能影音、智能擦窗机器人、智能路由器、智能开关、智能净水机、智能空气净化器、智能洗烘一体机、智能电饭煲、智能炖锅、智能蒸烤一体机、智能煎炸锅、智能洗碗机、智能消毒柜、智能厨余垃圾处理器、智能垃圾桶、智能门铃、智能猫眼、智能插座、智能抽屉柜开关、智能即热饮水机、智能天然气报警器、智能烟雾报警器、智能水浸传感器、智能水龙头、智能除螨仪、智能除蚊器、智能 $PM_{2.5}$ 检测仪、智能音响、智能 VR 一体机、智能床垫、智能床、智能按摩椅、智能缝纫机、智能防丢器、智能宠物监视器、智能手电筒、智能瓶塞、智能化妆台、智能花盆、智能香薰仪。

第三篇

各显神通的智能家居生态

近年来，智能家居市场开始快速扩张，产业生态链进一步健全和深化，参与厂商不断增多，一方面，市场竞争加剧，市场准入门槛在提高；另一方面，智能家居行业产业链长，产品种类众多，销售渠道多样，单一企业难以独占市场，不同行业企业优势互补，跨界合作趋势明显，推进我国智能家居产业进入融合演变期，以挖掘用户需求、构建生态系统为主要特征。

目前，智能家居市场还没有形成一个既定的格局，正处在混乱期，也是机遇期，谁获得更多消费者认可，扩大自己品牌的市场保有量，谁就可能在未来的竞争中胜出。为在市场竞争中赢得更大份额，智能家居相关企业抢抓市场机遇的时间紧迫感都很强，而企业之间的激烈竞争直接催生了智能家居市场的不断扩张。

期望主导智能家居未来发展的厂商，虽然希望通过自己的标准来构建自己的生态，扩大自己的市场份额，但厂商的美好期望使得互联互通正在成为影响消费者购买不同厂商产品的消极因素。不过，这也为注重消费体验并从中捕捉商机的企业留下了市场机会。传统硬件企业、互联网企业正借助自身产业链、技术、资本、渠道、影响力等优势，建立智能家居系统平台，将智能家居设备间相互孤立的数据和信息打通，通过分析数据，连接个性化服务，在数据与服务基础上谋求利润。

第一章

少海汇人工智能生态系统

万物互联时代,家电和家居融合的大趋势已成定局,取而代之的是,智能家居将成为巨头争抢的主战场。

2014 年,在海尔集团"两创"(创业和创新)战略背景下,海尔家居从海尔独立后自主发展,先后孵化出有住、克路德机器人等创新企业。

2016 年年初,海尔家居、有住、克路德机器人、博洛尼联合发起创立少海汇生态圈。

少海汇是一个智慧生活创新平台,以智能家居为核心,整合行业优势资源,从智能家居软硬件,到环保健康新材料、机器人等领域,打造引领高端智能创新生活的产业生态圈。

通过产业链布局、生态融合等方式,少海汇将打造一个囊括商务端和消费端业务的千亿级智慧家居大生态,抢占物联网时代的家居入口。截至 2018 年年底,少海汇成员企业总数达到 48 家,建立起覆盖智慧住居领域的全产业链布局。

人工智能 +5G 时代的到来,不仅仅是家电和家居的简单融合,而是顺应时代重构用户生活。少海汇打造的三大智能整装品牌,不再是过去售卖产品的传统模式,转型升级为以用户画像为驱动的生活空间方式提供者。

Haierhome 整装、有屋虫洞、有住等整装品牌，借助少海汇生态圈的资源优势，将基装、主材、家具软装、电器、智能等各个环节完美融合，细化成 175 道工序、每一个环节都为用户提供全球专业的解决方案。

一、有屋虫洞：智能家居产品化

2016 年 6 月 28 日，有屋虫洞 1.0 智能家居产品在北京发布，有屋虫洞的问世意味着智能家居也像手机一样产品化，可以不断迭代更新升级。

通过人工智能技术与语音识别技术，有屋虫洞全空间智能产品第一次实现了全屋语音控制产品，也第一次实现了智能家居的场景化构建。

有屋虫洞的智能客厅、智能厨房、智能衣帽间、智能卫浴四大空间一气呵成，成功将智能家居技术整合到现有的家居系统中，不会出现智能产品之间脱节的情况。

1. 全屋语音控制

有屋虫洞 1.1 产品的智能不需要烦琐的操作，它应用了最先进的语音识别技术、人工智能技术，支持全屋语音控制，烦琐的操作交由系统执行，真正的智能不仅解放双手，同时解放大脑。

在克路德哇欧智能音箱的支持下，有屋虫洞智能家居产品支持 80 种家庭场景及 300 多种智能家居控制接入，这就意味着只要动动嘴巴，就可以控制电视、空调、洗衣机、灯光、窗帘等设备，深度强化全空间智能体验。

2. 深度学习功能

有屋虫洞 1.1 产品具有深度自学习能力，会逐渐了解用户习惯，从智能转变为更智能。感受不到的智能还有另一层含义，有屋虫洞 1.1 产品的智能会根据环境作出判断，做到悄无声息的智能。例如，当室内空气环境不佳时，空气净化系统自动启动，无须任何操作，针对雾霾天气，这一功能贴近生活的功能也正是有屋贯彻"源于生活、高于生活"的研发理念的体现。

3. 家电和家居融合成为新物种

有屋虫洞研发团队当时考虑一定要研发一款业内独特的产品，可以将传统家具和家电进行智能化融合，在设计上还要讲究艺术性。

有屋虫洞智能厨房里的所有橱柜都带有温度控制系统，每个橱柜都是一个独立的模块，可以分区域控制温度，相当于一个冰箱，实现了家电和家居的融合。

对于很多家庭来说，不同物品的储存温度不一样，如古巴顶级哈瓦那雪茄储存温度为 16 ~ 20 ℃，1982 年的拉菲储存温度为 11 ~ 14 ℃，而肉类的冷冻需要 −19 ℃，如何实现精细化的存放一直是个难题。

而有屋虫洞厨房的橱柜，即冰箱的创新专利解决了这一难题，每个柜子可以根据用户存放的物品随意调控温度。

再以有屋虫洞智能衣柜为例，这个衣柜不仅有收纳功能，在设计中还融入消毒机、除螨仪、干湿机等家电功能，使得智能衣柜实现了自动消毒杀菌、调节存储空间的干湿度。对于家庭中的女人和小孩来说，衣物可以得到更加合理、健康地存放。

二、家电和家居融合，智能整装时代到来

随着装修人群的年轻化，人们对一站式拎包入住的需求日益强烈，加上近年精装楼盘的占比扩大，家装正逐步进入整装时代。同时，伴

随人工智能、5G 等新技术在商用领域的日臻成熟，一场围绕人类住居空间的革命愈演愈烈，这是一个中国4.4万亿人、全球39万亿人的市场。

水槽可以是洗碗机、玄关可以是电子鞋柜……如今，家居与家电界限越来越模糊，但这不仅仅是家电和家居的简单融合，而是顺应时代重构生活。

除了有屋虫洞智能家居，有屋科技旗下还包括海尔全屋家居Haierhome整装、有住整装等整装品牌，为用户提供囊括家居和家电在内的智慧家居解决方案，满足不同人群的一站式全屋整装需求。

凭借海尔家电全球领先地位、少海汇生态圈赋能、虫洞智能家居融入等多重优势，有屋科技旗下三大整装品牌成为全屋整装行业难以复制的领跑者。

其中，Haierhome整装聚焦都市主流阶层的六大生活方式，全屋定制、智能家居、硬装软饰、海尔全系电器一体化集成，一站式缔造用户梦寐以求的理想之家。

有屋虫洞整装跨界融合家具、家电、艺术，将产品融入组合智能、机械智能、电子智能、电器智能、灯光智能等，运用生活美学设计理念，颠覆传统家居产品，打造全新智能家居。

有住整装以未来之宅为理念，以用户需求为出发点，实现线上、线下场景打通，提供所见即所得重交互、强体验的沉浸式空间。

三、背后产业链生态圈

在行业走势的影响和倒逼下，泛家居行业的诸多品牌加快了转型、整合与跨界的步伐。然而，受限于自身资源和发展动能，能真正打通整装链条的企业或品牌寥寥无几，处于金字塔顶端的智能整装更是行业的"无人区"。

在智能家居领域，一直有一种说法，只有生态型企业才能存活下去。换而言之，智能家居行业需要具备的是上下游产业链的打通，且具备智能研发团队的真正佼佼者。有屋科技总裁廉景进对此深有感触，在谈到有屋虫洞 1.0 开发时，他就表示智能家居生态圈的合作方资源匮乏，所以我们现在在欧洲、美洲、日本都在寻找国际的合作伙伴来支撑我们智能家居的研发。

2016 年，由海尔家居、有屋虫洞、有住网、博洛尼、克路德机器人等发起，成立了一个以智能家居为核心、志在引领高端智能生活的生态圈，生态圈取名少海汇。这也是智能家居行业最早建立生态圈概念的合作平台之一。截至目前，少海汇生态圈成员已经有 48 家企业，2018 年年产值 185 亿。

在智能家居产业的各个环节都拥有优质的合作企业也是少海汇生态圈的优势所在。例如，浩思智慧基于阿里的 YunOS 操作系统开发了智能家居专用智慧生活云大脑，使智能家居更智慧，更低成本、更多服务、更加便捷。大隈木门则是亚洲首个智能内门制造基地，其智能门在国内一直处于领先水平。借助少海汇生态圈平台，少海汇各大整装品牌将最大化地整合成员企业优势资源，细化成 175 道工序，每一个环节都为用户提供全球专业的解决方案。

以有屋虫洞为例，其整体解决方案来自 ITOO，这是一家高度重视智能集成技术，专注于提供全宅智能家居解决方案和智能商用解决方案的公司；语音控制系统来自克路德机器人公司，音响系统采用的是全球顶尖的哈曼卡顿；设计资源有瑞典 PEN、德国库尔兹；海尔 U＋系统可实现全屋语音控制；整装由海骊、有住提供，主材由海尔厨房、海骊卫浴、摩岩地板等提供；家具与软装可由沃棣家居、宜华生活提供，家电则有海尔、卡萨帝、GE 等高端品牌……

少海汇创始合伙人刘斥表示，未来是一个万物智能化、人类机器化的时代，智能终端是人类在物理世界的增强器官，是连接原子世界和比特世界的虫洞，谁能打通原子世界和比特世界，谁才能引领这个行业的发展。"苹果做了一个 HomeKit 智能家居平台，这是比特世界领域的创新，但苹果不会去给你铺线路、不会给你安装，少海汇里生态圈有强大的落地服务能力。"刘斥表示，这也是有屋虫洞智能家居的优势所在。

四、从智能家居到智慧酒店的延伸

由于人工智能多学科跨领域的特点，呼唤一个能整合多方资源的产业平台。少海汇应运而生，它致力于打造以智能物联家居为核心的生态圈，围绕智能家居、智慧社区、智慧酒店等大住居场景整合优势资源提供整体解决方案。如今，经过两年的发展，一个巨无霸人工智能生态圈已浮出水面。

1. 人工智能住居场景的核心技术

少海汇人工智能生态有一个底层大脑中枢——哇欧大脑，这是少海汇所有人工智能住居场景的核心技术。顾名思义，哇欧大脑是一个运用了人工智能技术的大脑平台，由克路德、北京理工大学、科大讯飞、中国信息通信研究院智能家居工作组等科研机构及院所联合研发，基于云平台和智能服务平台，具备感知、处理及执行 3 个层面的能力。

它的智力相当于一个 3 岁的小孩，不仅能对人的语音做出准确反应，还能理解一些模糊指令。这也意味着，哇欧大脑的发力方向，并非着眼于提升能力层面，而强调实际应用场景的最优化。技术方面，通过人脸识别、语音识别、屏幕显示等感知端口，获取数据信息，通过运算、分析、处理后，依托 PC Web、APP、机器人、智能硬件等，应用到城市、社区、体育、教育、酒店、家庭等多个场景中。举一个例子，如果用于家庭环境，哇欧大脑可以满足 80 多种家庭场景及私有语义接入音频、视频资源，以及 300 多种智能家居控制接入。

基于哇欧大脑，克路德打造出具有自主知识产权的物联网平台和语义分析平台，实现"云＋端＋服务"三位一体化解决方案，为用户提供安全、便捷、舒适的智慧生活。

2. 全国首家无人智慧酒店

2018 年 7 月 2 日，全国家无人前台智慧酒店正式对外开放。没有前台，取而代之的是酒店自助入住机；站在机器前，扫身份证、刷脸，通过微信、支付宝等支付端扫码缴费后，房卡就自动吐出；客房利用哇欧智能音箱控制家电家具；酒店运货机器人如同店小二一般，在酒店里上上下下……这是一家完全没有前台和服务员的智慧酒店。

克路德推出的智慧酒店解决方案，可实现去前台化、管理无人化、交易自动化、全屋智能、语音控制，可实现工期比传统酒店装修节省60%，10 年内可随时更新装修风格等。

3. 海骊装配宅 2.0 的智慧家居入口

少海汇另一家核心企业海骊研发的装配宅 2.0 产品，则是通过ToB 端打造智慧家居入口。

通过八大系统和 66 道工序，海骊实现全屋装配式设计和标准化施工，成本较传统装修方式降低 10% ～ 20%，工期减少 60%。将会对解决传统粗放的装修方式造成的高耗能、高污染、高浪费、质量不可控等诸多问题起到积极的作用，同时也将更好地满足政府、百姓等各方需求，推动我国住宅建设水平和整体品质的提高，促进装配式产业的发展。

海骊已在入口端构建起一个庞大的生态，涵盖了住宅、养老、酒店、公寓、智慧云平台等细分市场的全流程平台，与数十家房地产 TOP100企业达成了战略合作，积极拓展国有企业、政府等渠道。截至目前，海骊住建年均完成项目 1000 余个、业务范围遍布数百座城市。

借助海骊在入口端构建起的庞大生态，有屋虫洞、克路德智慧酒店等将更容易走进千家万户。

第二章 ◉ ● ● ●

科大讯飞

　　从 2018 年以来，科大讯飞相继在语音合成、语音识别、自然语言理解等与智慧生活紧密联系的技术方向上获得突破。其中在 2019 年 3 月，全球首次实现在国际顶级机器阅读评测 SQuAD 2.0 中让参测系统在全部两项评测指标上均超越人类平均水平，完成了人工智能技术在机器阅读领域发展史上的里程碑。

　　此外，科大讯飞还在模式识别、机器翻译等人工智能核心方向上取得突破。2018 年 11 月，科大讯飞机器翻译系统参加 CATTI 全国翻译专业资格（水平）科研测试，达到英语二级《口译实务（交替传译类）》和三级《口译实务》合格标准。技术的突破为科大讯飞未来进一步与移动、电信等各方加深合作，拓展智慧家庭更多的应用方式，提供了丰富的技术积淀。

1. AI 电视助手 2.0：科大讯飞探索智慧家庭生态的最新成果

　　科大讯飞的智慧家庭业务依托讯飞人工智能技术，将其应用于电视大屏领域，以更为便捷的交互式体验解决传统遥控器用户的使用痛点，实现智能搜索、切换台、音量控制、交互游戏等功能，同时，结合家庭具体使用场景，还将逐步推出基于 iFLYOS 的智能音箱、远场智能机顶盒等泛智能终端产品。

2019 年，科大讯飞与广东广电网络联合发布了融合人工智能技术的 AI 电视助手 2.0。AI 电视助手 2.0 是基于科大讯飞语音识别、语音合成、自然语言理解、声纹识别、大数据等核心技术，结合广东广电网络的智能网关，由双方共同探索、联合开发的基于智慧家庭全场景的智能语音交互平台。

长期以来，智能手机、智能音箱都是广大公众身边人工智能生态的主角。此次科大讯飞与广东广电联合发布的 AI 电视助手 2.0 则希望让更多的人感受到，在人工智能技术的帮助下，"AI+ 广电"也可以成为大家身边人工智能生态的重要一员，从而让大家能够以更自然、更轻松的方式畅享生活乐趣。

以具体应用来看，如在家庭生活中，也许爸爸喜欢球赛、妈妈喜欢电视剧、孩子喜欢动画片，如何能够实现对当前电视用户进行区分，让用户更快地获取到自己所需要的内容？

AI 电视助手 2.0 通过对用户年龄、性别的声纹识别，可以实现对于当前家庭成员用户的判断，再结合大数据、用户搜索习惯、用户画像，实现对于屏幕内容的个性化推荐，实现增值业务的精准推送。

AI 电视助手 2.0 还可实现"方言输入随心切换"，此前在众多语音产品和应用中，对于多方言识别切换需要用户手动设置。但在 AI 电视助手 2.0 中，用户无须设置就可实现普通话和粤语双引擎随心切换，同时首发上线被网友评为"中国十大最难懂方言"的客家话识别，助力传统文化的保护，方便当地用户使用。

除了上述功能外，通过人工智能技术的融入，AI 电视助手 2.0 中的智能语音遥控器还能够做到语音多轮对话识别、明星角色识别等特色能力，实现作为真正 AI 终端的价值。

此外在交互层面，AI 电视助手 2.0 采用了互联网主流的底部流式识别交互方式，让语音交互更流畅。新版本还搭建了一套语音运营系统，能够根据最新热点、快速响应定制化语音指令。

2. 智能客服与餐饮、酒店行业：科大讯飞用人工智能助力行业发展

（1）AI+ 酒店

科大讯飞的 AI 电话客服，是科大讯飞 AI+ 酒店的核心产品之一。讯飞酒店 AI 电话客服，能够像人一样工作，如自动接听顾客来电，处理预定、咨询业务，进行顾客回访，订单确认，入住提醒，覆盖客房内的场景，进行店内客需呼叫接听处理，退续房信息回访等。

通过 AI 技术的赋能，AI 电话客服能够协助前台人员完成大量简单、重复的客服电话工作，以优异的服务品质和高效率极大地提升酒店的服务生产力。这项应用在高度集中的酒店行业拥有广阔的空间，基于智能服务大脑可延伸至酒店预订、客服回访、客房服务和手机 APP 等多个场景。

除了 AI 电话客服外，酒店机器人作为酒店的自助服务客服，客人还可以通过与其交互，进行到店咨询、入驻办理，甚至麻烦机器人跑腿。

（2）AI+ 餐饮

衣、食、住、行是普通人最关心、最有感知的内容，科大讯飞不仅在"住"上持续探索，在"食"上也有所作为。

早在两年前，科大讯飞就已与海底捞建立了深度合作，为其提供 AI+ 餐饮的整体解决方案，目前包括人工智能电话机器人、智能服务员、智能门迎、AI 游戏、智能包间等 AI 应用方案正不断实现落地和应用。以智能电话客服为例，截至 2018 年年底，智能电话客服已为海底捞接听了近千万通电话，服务了近 230 万次客人，极大提升了服务效率。

3. 科大讯飞 AI+ 餐饮解决方案

目前，科大讯飞 AI+ 餐饮解决方案包括以下具体应用（图 3-1）。

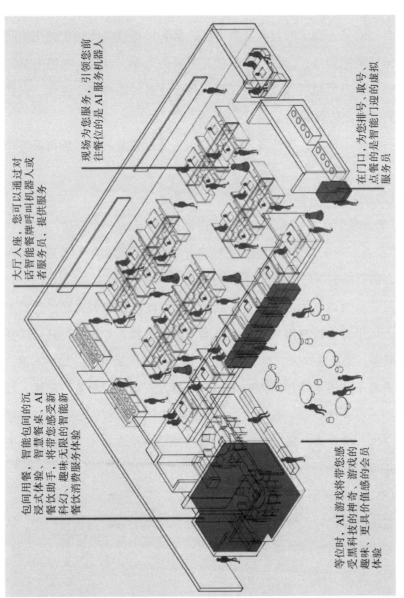

大厅入座，您可以通过对话智能餐牌呼叫机器人或者服务员，提供服务

现场为您服务，引领您前往餐位的是 AI 服务机器人

在门口，为您排号、取号、点餐的是智能门迎的虚拟服务员

包间用餐，智能包间的沉浸式体验、智慧餐桌、AI 餐饮助手，将带您感受新科幻、趣味无限的智能新餐饮消费服务体验

等位时，AI 游戏将带您感受黑科技的神奇、游戏的趣味、更具价值感的会员体验

图 3-1　讯飞至悦智慧餐饮解决方案示意

（1）AI 服务员

"有没有停车券？""有优惠吗？""最近有什么新菜品？"对于这些服务员们每天可能要回答数百遍的问题，人工智能服务员都可以做到自如回答。有了智能服务员之后，就可以把这些比较机械化的问题交给智能服务员了。这一方面提升了服务效率，减轻一线服务员的压力；另一方面也可以让一线工作人员有更多时间提供个性化、人性化等更高水平的服务。

另外除了预定、排号之外，AI 机器人还能完成导流、咨询等多种服务。

（2）AI 电话机器人

"明天晚上六点的包间还有么？我们有七个大人一个小孩。"

"我看了一下，六点的包厢已经没有了，七点可以吗？看您这边有宝宝，需要提前帮您准备宝宝椅吗？"

目前科大讯飞为海底捞所提供的人工智能电话机器人已经正式上线投入运用。当拨打海底捞的客服电话时，机器人"小美"就会现身提供服务。她反映快速、对话流畅，还有海底捞式的贴心。如果不说，很多人都不知道电话那头原来是一个机器人。目前"小美"已经上线海底捞所有全国门店，仅此 1 项应用，门店话务量提升 66%、订餐量提升 29%、排号量提升 121%，同时客服质量将提高 50%、数据分析价值提升 80%。

（3）智能 IP 助手

在选择餐厅时，智能 IP 助手会帮助你完成餐厅的筛选和预定，是广大"吃货"的智能语音生活助手。

（4）智能门迎

到店用餐时，你可以直接通过语音向虚拟服务员咨询取号、排号、点餐等事宜。当然，像"36 号包间在哪里？""最近有什么新菜？""有没有优惠？"等问题，也可以在这里得到答案。

（5）AI 游戏

等位太无聊？有别于传统娱乐游戏，语音交互、人脸识别、体感动态识别等人工智能的创新交互方式和技术手段，将让你的等位时间变成一段探寻黑科技的奇幻之旅。

（6）AI 餐饮助手

你可以通过手机小程序、APP 内的 AI 餐饮助手享受即时在线语音交互，需要什么，你只要"说"就可以了，海底捞式贴心服务随时在身边。

（7）智能餐牌

在餐桌上，智能桌面解决方案可以完成大部分餐饮消费服务，语音交互、随时呼叫对话服务员。

（8）智能包间

包间就餐，智能包间的沉浸式就餐体验、智能餐饮助手、智慧餐桌，将带你感受新奇科幻、趣味无限、全方位的智能餐饮消费新体验。

无论是 AI+ 酒店，还是 AI+ 餐饮，在这些涉及衣食住行的领域，结束基于科大讯飞 AI 技术所提供的解决方案，客户不仅可以实现将最新的 AI 技术落地应用，提高现有行业企业生产力，释放人员效用；还能提升消费者的消费体验，让生活和消费更加便捷和有趣。

第三章 ● ● ● ●

小 米

　　2013 年，小米公司开始布局小米生态链，通过"占股而不控股"的方式投资初创公司或中等规模的公司，依靠小米整体的供应链优势、销售渠道，快速在各个领域培育一个个爆款产品，依托更多的硬件入口承载更多的内容服务，从而构筑整体竞争力。

　　小米生态体系主要围绕手机与生活展开，包括智能家居、生活用品、手机周边及出行领域，这 4 类企业占据了小米生态链企业投资的核心。最初，小米从移动电源等手机周边产品开始打造生态链，接着扩散到与智能家居、智慧生活相关的智能硬件，如空气净化器、小米电饭煲等；最后扩展到毛巾、鞋子、枕头等生活用品，形成小米的品位与价值观。通过在智能家居领域不断探寻深化，小米逐步形成了由小米手机、小米电视、小米路由器、小米盒子、智能摄像机、智能音箱等多种智能家居产品构成的产品矩阵。

　　小米智能家居主要采用低功耗蓝牙、ZigBee、WiFi 的方式连接，主要原则是插电的采用 WiFi，与手机交互的采用蓝牙，传感器类的采用 ZigBee。例如，手环用蓝牙、智能家居套装中的传感器用 ZigBee、空气净化器用 WiFi。

　　该如何理解小米在智能家居领域的运作思路？小米生态链谷仓学

院曾出版了《小米生态链101条战地法则》，从一个角度给出了这个问题的答案。为了更好地认识小米生态链的价值观、生存与竞争法则，从该书中节选以下内容。

谁又能预知未来万物互联时代，商业发展的态势到底是什么样的？没人能够准确判断。所以小米布局生态，让生态自我更新、淘汰、进化，自然生成未来。

为什么好的产品如此重要？对于任何一个企业，从0到1是最难的过程，好的产品就是那个1。有了好的产品，营销、品牌、渠道都是1后面的若干个0。但如果没有1，有多少个0都没有用。

我们做高品质产品，要紧紧抓住这两个发力点。要么极大地提高效率，使得效率能远胜于竞争对手，省去用户的麻烦、节省用户的时间和空间；要么设法带来超出用户预期的体验，给用户带来惊喜，也给用户一个可以分享给亲朋好友的好题材。

谈智能要避免走火入魔，我们不是为了智能而智能。如果智能给用户带来了麻烦，而不是方便，我们应该把智能干掉。因为用户的方便是更重要的。

小米的生态链不是规划出来的，而是打出来的。小米生态链就是从点做起，积累经验，逐渐向外摸索。

在生态链投资的初期，我们不拘泥于投资界的法则，我们重点看团队和产品的潜力，并不会像投资人那样重点看BP（商业计划书）。本质上，小米生态链做的是孵化，而不是投资。我们是用小米的资源帮助这些企业做大，孵化成功就意味着投资的增值。

小米生态链的价值观是什么？①不赚快钱；②立志做最好的产品；③追求产品的高性价比；④坚信互联网模式是先进的；⑤提升效率，改造传统行业。

一个正确的机制建立之后，整个队伍跑起来都拉不住。所以我们做生态链的时候，就是投资不控股，保证生态链创业团队持绝对的大股，保障他们是为自己打天下，这样大伙才能步调一致，拼命往前冲。

对于生态链公司，小米只有建议权，没有决策权，从不谋求控制。只帮忙，不添乱，是我们的行动准则。我们在运行中也会时刻提醒自己：不要越线。

小米生态链投资就是由小米输出做产品的价值观、方法论和已有的资源，包括电商平台、营销团队、品牌等，围绕自己建立起一支航母舰队。每一个生态链公司企业就是小米的特种兵小分队，它们在本专业领域有深刻的研究，团队背后有小米这样的航母支持，让其在本领域快速地利用一年时间便拥有绝对的领先优势，所以这是军事理论指导的小米生态链打法。

小米生态链的作用就是要做企业的放大器，让生态链上这些名不见经传的小公司迅速脱颖而出，在新兴领域用 1 ~ 2 年时间就达到成熟状态，成为行业的第一或第二，并且加速传统市场的新陈代谢。

小米今天的生态链，就是用投资的方式来寻找我们的竹笋，然后把整个生态链公司变成一片竹林，生态链内部实现新陈代谢，不断地有新的竹笋冒出来，一些老了的竹子死掉也没有关系，因为竹林的根部非常发达，能够不断地催生新的竹笋。这就是小米的竹林效应。

当小米的生态链孵化出 77 家公司之后，我们意识到，我们是在用竹林理论来做一个泛集团公司，非常有趣，在小米之前，还没有公司尝试过这种模式。小米向生态链公司输出资金、价值观、方法论和产品标准，只有"小米 + 小米生态链公司"才是一个完整的小米生态系统。

小米生态链中的公司，每一家会负责去闯一个领域，同时，他们也会把那个领域的资源打通，包括人才、技术、专利、供应链等。他们打通的这些资源，又可以被小米和其他生态链企业共享。仔细想想，这不就是一种创业的共享经济模式吗？

　　小米对于生态链公司而言是航母，为其提供多层面的平台支持；生态链公司对于小米而言，是后院的金矿，增加了小米的想象空间。小米与小米生态链公司的关系，就是我们在不同的阶段，互为彼此价值的放大器。

　　小米生态链最终的目的是：培养出一支支能征善战的队伍，把它们放到大的市场环境里去参与角逐，每一个企业都有适应市场变化、长久生存的能力。因此这种微妙的竞争，必不可少。

　　生态链的模式具有复杂性和先锋性，也是为了以小搏大。以生态链上的 200 多位工程师，带动 100 多家企业，几万人的军团，撬动 100 个行业的资源，形成小米舰队，从容面对物联网时代的竞争。

　　小米孵化生态链企业的模式，很重要的一个出发点就是速度。我们一开始就把小米的资源开放给生态链公司，让他们在创业初期考虑如下两件事：一是做好产品；二是扩大规模。一开始不用急着做战略、做布局。总想着明天是否会遇到困难，那干脆别干了。不知道怎么办的时候，就拼命往前跑。世界变化太快，在这个过程中什么都有可能出现。如果在资金链断掉之前，企业能跑到一个平流层上，它就成功了。

　　商战是一场精密的战争。竞争包括团队、品牌、产品、供应链、渠道、用户、资本、社会影响力等多个维度。每一个维度都关系到整场战争的成败。小米发展生态链的这几年，打的就是一场多维度的战役，每个维度要高度配合，缺少任何一个维度，都有可能造成整场战争的溃败。

　　其实小米生态链的投资、孵化，就是一种典型的共享经济的应用。创业团队从零开始，通过"共享"小米的资源，他们只需要专注于做好产品，不需要考虑供应链、渠道、设计、市场等，我们可以为他们提供帮助，甚至在创业初期，他们都不必考虑品牌，只要他们的产品足够好、价格足够低，我们就允许他们贴上小米的品牌标签。等创业团队做大了，成为大公司，又可以成为小米未来的资源。共享经济的本质就是互为放大器，1+1 的结果可以远大于 3。

没有人能绝对精确地判断未来，但可以相对准确地捕捉未来的方向。我们在对未来趋势进行基本判断的基础上，尽量去多布点。就像我们最初设想的，投资 100 个企业，进入不同的领域。未来 10 年，我们投资的公司未必会全都取得成功，有的可能倒闭了，有的做大了，有的合并了。最后如果有二三十家企业成功，对于小米的未来都是一种保障。

生态链很多产品都具有跨界的特点。我们面临的难题是，因为产品是跨界的，没有对应的国家标准或行业标准可以参考，这种情况下我们就要尽早制定企业标准。最后产品封样的时候，就按照这个标准进行检测。

小米生态链一开始在定义产品时首选的是大众市场，这既和我们选择的产品类别有关，也与我们对于整个时代发展的判断相关。要做就做最大的市场，不是说小市场不好，而是因为如今互联网时代，让我们有机会去挑战大众市场，从大众市场分一杯羹出来，也给了我们机会去成就一家大公司。所以一定要做那些需求最广的大市场。

80%—80% 原则：也就是说，我们定义产品的时候，要着眼于 80% 的用户的 80% 需求。80% 的用户指的是大多数的中国普通老百姓，80% 的需求指的是相对集中、普遍的需求，即刚需。

生态链企业在给产品定价的时候，发现了一个有趣的现象，就是当你把价格从 200 元降为 99 元的时候，用户数量不是简单地翻倍，而是 5 倍甚至 10 倍地增加，增长趋势是井喷式的。

第四章

美 的

作为美的集团旗下智能家居平台公司，美的 IoT 公司以软件驱动硬件，软硬结合牵引美的家电智能化，并引入第三方智能合作入口，构建全开放智能家居生态平台，形成美的 IoT 生态圈（图 3-2）。

图 3-2 美的 IOT 智能家居场景效果

在智能家居生态建设的战略上，美的 IoT 公司坚持平台特色，以合作共赢为目标，围绕入口型、技术型、产品型、运营型四大类生态合作模式，为用户提供全智能的价值服务和便捷体验。其中，入口型模式就是与智能手机、音箱、电视等企业进行合作，打开这些入口进行生态合作；技术型模式，主要是和百度、阿里、腾讯、华为等开展合作；产品型模式主要是指与全屋智能涵盖的智能产品进行合作，提供完整的解决方案；运营型模式是指与 O2O、地产等生活服务侧企业进行整合运营服务。

一、全新打造"美居"服务平台

美居是美的集团全力打造的智能家电管理平台、智能家居生活服务平台，消费者可通过使用美居 APP 或"美居 Lite"小程序实现人与智能家电的控制和互动，感受智慧家居生活的便捷和乐趣。

美居除了接入美的品牌全系列智能家电产品外，还支持小天鹅、比佛利、华凌等品牌上千种智能家电和设备，用户可在美居 APP 上实现智能家电控制、智能场景建设、售后服务等功能，管理体验十分便捷高效。截至目前，美的 IoT 公司已成功与市场主流智能手机、音箱、电视等入口开展深度合作，支持小美智能音箱、公牛智能插座、创维智能电视等。

为实现万物互联的智能家居生活愿景，美的 IoT 公司深耕人工智能技术，赋能美的智能家电，不仅能实现语音控制、手势控制等自然交互方式，还可在智能家电上实现对衣物、大米、食材等的智能感知。同时，美的智能家电和智能家居系统还能对温／湿度、空气质量、水质等环境进行全方面感知，并通过机器学习和大数据分析，自动调整至用户感觉最舒适的环境和最健康的饮用水。美的 IoT 公司通过边缘交互智能（EII）技术，实现了设备间的本地极速联动，不仅大幅提升了设备响应速度，即使在家庭宽带故障时，也能保障智能家电系统的正常运作。

二、"云云对接"打破标准壁垒

近些年，伴随人工智能技术与云技术的不断发展，智能家居发展进入快车道。然而，层出不穷的智能单品，并没有彻底改变智能家居场景体验不尽如人意的现状。APP端配置智能设备过程烦琐，不同品牌的智能家电需要不同APP操控、不同品牌家电设备无法实现互联互通等问题，始终困扰着消费者。

导致上述问题发生的主要原因是行业缺乏统一标准，跨品牌、跨品类的产品之间无法联通。对此，美的与华为采用"云云对接"生态合作模式，不断提升消费者的智能家电操作体验。"云云对接"是指在双方IoT云之间通过账号绑定的方式，互相信任并建立通信通道，从而实现智能家电跨品牌、跨品类的互联互通。这种方式在一定程度上打通了连接壁垒。

美的IoT公司运用行业领先的移动互联网、智能物联等先进技术，实现全屋智能家电 家居设备的相互赋能、远程控制和智能自学习。同时，美的IoT公司也拥有独特的技术点，如零配技术、设备自组网技术、高并发高可用接入平台技术、移动端智能家居组件库技术等，创造性、精益求精地满足用户各种智能化生活场景，让用户可以随时随地感受到科技进步带给生活的便利。

美的IoT生态合作伙伴可通过SDK技术、云云对接等技术合作，建立终端、云端的智能生态合作，提升用户操作体验和价值服务。

三、以用户为中心

美的IoT公司致力于为消费者带来数字化的智能生活体验，以空间场景为基础，结合IoT、大数据、AI等技术，集成手机、语音等能力，关注不同用户群体需求，从人与手机、手机与家电、家电与家电3个维度构建全屋智能场景，给消费者全新的智能家居生活体验。

以用户为中心是美的IoT公司秉承的智能家居发展理念。这可从两个方面做解读，一是软件开发体验层面，二是硬件操作体验层面，即以软件驱动硬件，软硬结合牵引美的家电智能化。在软件开发和交互设计上，美的 IoT 公司遵循互联网用户的使用习惯，并深度结合智能家电联网使用和场景定制等特别功能，优化智能家电联网体验，做到连接速度、稳定性等指标均在行业前列。用户只需要使用美居 APP 便可对美的智能家电进行远程操控，体验十分高效便捷。此外，美的 IoT 公司在技术研发上不断进行突破创新，赋能美的家电进行智能化升级，提升消费者在智能家居生活中的体验。

近年来，美的 IoT 公司从软件和硬件层面全方位牵引美的家电智能化战略，强化用户智能体验价值，全面推动"健康的家"、"个性的家"和"未来的家"三大智能场景开发建设，为用户带来美好体验的智能家电。另外，美的 IoT 公司坚定全开放生态圈，进一步提升美的 IoT 与消费者的联系，打造无界的智能家居生活。在入口开拓、内容升级、技术合作等生态合作方面，美的 IoT 公司已形成一套完整的生态战略解决方案，未来将继续加强华为、阿里云、公牛、创维等生态伙伴的合作深度，开辟更多智能化生态合作方向，为用户全力打造便捷美好的智能家居生活体验。

第五章

阿　里

在北京普乐园新建成的东院里，一间"智联网养老样板间"格外引人瞩目，这间带一个小客厅的双人套件里，空调、电视、窗帘、灯具都可以通过智能音箱天猫精灵操控，老人无须起身，只需要对屋内的天猫精灵说出指令，就可以控制这些设备开关。

此外，在屋内还安装了能够感应人体、空气湿度、温度的自动感应器，能够保证屋内始终保持适宜老人居住的环境，在夜间也能感应到老人的起床动作，自动打开灯光照明。

阿里的智能家居产品正在给消费者带来舒适和便利。

一、飞燕平台

阿里云生活物联网平台被称为飞燕平台，是面向智能生活、智能家居领域的物联网技术服务平台，不仅仅服务智能硬件厂商，还有行业内的生态合作伙伴，如模组商、方案商，为客户提供端到云到端的技术服务。目前有很多品牌厂商将自己的产品接入到平台上，推出完整的智能化产品销售给用户，也有很多方案商通过平台的能力去服务客户。目前，平台已经覆盖了1000多个品牌，接入了2000多个智能产品。

飞燕平台主要提供一系列的技术能力给厂商，由厂商基于这些技术能力，去打造各种各样功能丰富的智能家电产品提供给消费者。这些技术能力包括免开发的公版 APP、一键对接语音平台、场景和自动化设置等一系列面向用户的能力，可以直接供厂商使用。

在核心技术方面，基于阿里云的基础云计算，飞燕平台具备高稳定、高并发、高安全的技术能力，并且实现了全球部署，可以提供全球化的服务。在云计算基础之上，阿里云 IoT 搭建了物联网的通用 PaaS 平台，包含了物联网领域的一系列通用能力。此外，采用统一的 ICA 物模型标准，让所有设备在云端都可以标准化，更好地实现互联互通。同时，还提供端到云的高强度安全机制，保障全链路安全。

在端侧，飞燕平台提供 Alios Things 操作系统并开源，让厂商可以方便地集成 OS 及相应的 SDK，让设备快速连接到云。在互联互通上，基于物模型标准，提供了属性、事件、服务等对设备的描述方式，让设备在云上的数据和协议能够实现跨品牌、跨品类互通。

飞燕平台将一直持续迭代，包括针对垂直品类的智能设备构建更丰富的云端服务，如面向智能锁提供锁云服务、面向能耗产品提供能耗管理服务等。另外，飞燕平台还将提供更丰富的场景、空间、联动等方面的引擎能力，让客户可以构建更多的智能家居应用。

天猫精灵是阿里巴巴人工智能实验室旗下消费级 AI 产品品牌，致力于通过 AI 技术，让机器拥有智能，让人性充满光辉。

二、天猫精灵

天猫精灵是阿里巴巴人工智能实验室推出的 AI 助手，应用了自然语言处理和对话管理系统等技术，可听懂语音指令，开启人机交互体验新方式，现拥有百科知识库、音乐知识库、影视知识库、商品知识库、LBS 知识库等各种专题知识库，包含实体数 1 亿，关系数 10 亿以上，掌握百亿级对话库，能覆盖主流人群的对话情况。

在硬件方面，天猫精灵旗下包含 X1、曲奇、方糖、儿童智能音箱等 AI 智能音箱产品。截至目前，天猫精灵接入了近 300 家 IoT 平台，覆盖 400 多个品牌，支持 1000 种、7500 万个设备。天猫精灵语音购接入阿里系电商平台千万级别产品库，接入阿里系大文娱千万歌曲、新闻、相声、有声书、儿童故事等音频内容资源，以及天气、周边查询等生活服务，可以通过语音识别技术实现声纹购物功能的人工智能产品。

据阿里云研究院院长田丰介绍，阿里巴巴人工智能实验室对外推出 AliGenie 开放平台，致力于将人工智能实验室在人工智能方面的研究成果转化为行业生产力，帮助行业合作伙伴升级产品体验，打造具备下一代智能交互能力的产品。通过内置 AliGenie 系统，合作伙伴的产品在听觉、触觉、视觉及智能交互等方面的能力将得到大幅提升，具备更强的市场竞争力，获得更好的客户体验。

第四篇

家居中的人工智能

随着智能手机的广泛应用，2013 年，智能家居走向轻便化，主要是通过智能手机连接互联网，控制小型家电产品的运作；2016 年下半年，亚马逊推出 echo 智能音箱，将人工智能技术注入家电产品，加强人与家电产品的互动，为家居产品赋予智慧。

第一章 ●●···

该怎么理解智能家居

目前，虽然智能家居还属于新兴领域，但智能家居技术的应用已经由来已久。

早在 1984 年美国联合技术公司对康涅狄格州哈特福德市一座旧金融大厦进行改造，使之成为世界上第一座智能大厦。改造完成后，该大厦配备了先进的设备管理系统、通信系统、自动控制系统及自动办公系统，并因此成为智能建筑领域标志性的产品。

在随后的 1985 年和 1988 年，日本和英国又分别出现了智能建筑。到 1989 年，欧洲各国智能建筑的渗透率在 5% ~ 10%，同时智能建筑在英国、美国、日本等发达国家实现相对较快的发展。但受到设备铺设成本偏高、通信技术相对落后、产品实用性较差等因素的影响，智能家居在过去 30 年间没有得到长足发展。

最被人们所熟知的智能家居经典范例是微软创始人比尔·盖茨的豪宅。这个首例符合现代智能家居标准的建筑总计耗时 7 年，于 1997 年完成，花费 9700 万美元，配有多个高性能的 Windows NT 服务器作为系统管理后台，通过电脑实现对建筑内重要设施，如门窗、家电、灯具等的控制，并根据用户习惯对家电设备进行自动调节。

第一节　智能将成为未来家居的标配

智能家居以住宅为平台，通过物联网、人工智能等技术与家居生活设备融合，打造人性化、智能化的新型家居，构建住宅设备与家庭日常事务的管理和服务系统，营造更健康、节能、环保、智能、舒适、安全、便捷的家庭生活。

由国家市场监督管理总局和中国国家标准化管理委员会联合发布，并于 2019 年 1 月 1 日正式实施的《智能家用电器通用技术要求》（GB/T28219—2018），对与智能相关的概念和要求做出了规范。这些关于智能家用电器、智能家用电器系统的概念和要求，基本上同样适用于智能家居所涉及的各类智能终端和系统。

《智能家用电器通用技术要求》认为，智能家居是建立在住宅基础上的，基于人们对家居生活的更高、更新需求的，由一个以上智能家电系统组成的家居设施及其管理系统。业内和市场上流行的智慧家居、智慧家庭、人工智能家居等概念与智能家居的含义一致，不必有差异化解释。

智能家居通过物联网技术将家中的各种设备，如音视频设备、照明系统、窗帘控制、空调控制、安防系统、数字影院系统、网络家电等连接到一起，提供家电控制、照明控制、窗帘控制、电话远程控制、室内外遥控、防盗报警、环境监测、暖通控制、红外转发及可编程定时控制等多种功能和手段。

智能家居还让用户以更方便的手段来管理家庭设备，如通过触摸屏、手持遥控器、电话、互联网来控制家用设备，更可以执行情景操作，使多个设备形成联动。另外，智能家居内的各种设备相互间可以通信，不需要用户指挥也能根据不同的状态互动运行，从而给用户带来最大程度的方便、高效、安全与舒适。

　　与普通家居相比，智能家居不仅具有传统的居住功能，兼备建筑、网络通信、信息家电、设备自动化，集系统、结构、服务、管理为一体的高效、舒适、安全、便利、环保的居住环境，提供全方位的信息交互功能，帮助家庭与外部保持信息交流畅通，优化人们的生活方式，帮助人们有效安排时间，增强家居生活的安全性，甚至为各种能源费用节约资金。

　　智能家居与家庭应用场景密不可分，需要根据家庭环境、生活习惯、消费需求等因素灵活设计功能用途。安全防盗、娱乐休闲和便捷高效的家居生活是智能家居的典型应用。

　　智能家居在直观上体现为各种不同的家用软硬件产品和系统，不仅包括家庭应用的各种智能终端，也包括互联互通、运行有序的管理和服务系统，需要一套可以实现家居生活智能化的综合解决方案。在智能家居的环境中，不仅设备与设备互联互通，也可以实现人与设备互联互通，家居设备之间的集成和互联互通将实现高效率和更好地控制，家庭数据将能够共享互用。

　　一般来说，传统产品只需要满足消费者某一特定需求即可，在实现销售后不需要持续改进，但是，智能家居提供的是个性化智能服务，在应用过程中往往需要与消费者进行互动，这就要求智能家居学习了解消费者日常行为，熟悉消费者的生活习惯，并将其积累成为大数据。在这个过程中，智能家居可以进行不断地纠错与调整，为消费者带来更好的应用体验。所以在销售行为上，智能家居并不是传统家居的一锤子买卖，而应该是与消费者形成长期的伙伴式的一种新的商业行为。与传统家居产品相比，智能家居的持续服务和迭代升级很重要。

　　智能家居也体现为一种智能化、个性化的生活方式，承载了人们的思想观念、生活习惯、兴趣爱好和个性品质。智能家居不仅具有家居功能，满足人们的居家消费需求，而且能够让家居变得有"思想"、有"智慧"，让整个家庭成为智能空间，让家庭生活更加智能化。人工智能在智能家居中的作用将越来越大，让未来家里所有的家居都是"活"的、有生命力的。

智能家居将经历从 APP 操控到包括自然语音交互在内的多模态交互，从家庭内智能单品互联互通到多场景互联互通的阶段。在智能单品互联互通阶段，家庭内语音交互系统将无处不在，而多场景互联互通阶段将实现多端联动，可穿戴设备、智能车载系统与家庭内的语音交互处理系统等不同场景的应用可以实现互联互通。

未来，智能家居还将成为连接家庭与社区、家庭与城市之间的纽带。

第二节　AI 能力是什么

当前，消费领域更多地融入 AIoT（人工智能＋物联网）的基因，"AI＋物联网＋消费品"的发展模式催生了众多的消费级智能终端。当前人工智能在智能家居领域的应用主要分为两个赛道，一个是智能语音，另一个是图像视频，今后有望实现融合语音、图像及其他形式应用的多模态应用。

人工智能芯片与解决方案供应商或者为其他消费品企业赋予 AI 能力，或者自行研发推广智能设备，或者同时推进各项业务，智能家居单品百花齐放，智能家居市场呈现稳步扩大的趋势。

传统的家用设备纷纷注入 AI 能力，那什么算是 AI 能力呢？

以语音赛道为例，AI 能力包括了语音识别、理解、查询、搜索和控制等能力。从智能音箱一个完整的语音交互流程来看，当人们向智能音箱发出语音指令后，智能音箱要进行声音信号处理、热词唤醒，并将声音信号上传到云端，云端要经过语音识别、自然语言理解、垂直搜索、对话管理和语音合成，回复给发出指令的人，整个流程的技术链条长、挑战大，每个环节都有相应的能力要求，体现为 AI 能力。

《智能家用电器通用技术要求》认为，智能是具有人类或类似人类智慧特征的能力，AI 能力主要包含感知、决策、执行及学习等方面的能力。《智能家用电器通用技术要求》主要起草人张亚晨对这 4 个能力进行了解释，具体如下。

所谓感知，就是发现、接收外部信息并将这些信息转变为后续可处理信号的能力或过程。对于人来说，感知是由眼、耳、鼻、舌、皮肤器官及肢体完成的。它们可分别将听到、嗅到、看到、尝到及触到的信息转换成某种形式的信号供大脑识别和处理。

在包括智能家电在内的工程技术领域，实现感知的器件就是传感器。常见的传感器所感知的对象包括但不限于：温度、湿度、浓度、速度、硬度、黏度；力、光、声、电、色；质量、容量、数量；气压、气味、气流；震动、摆动、移动、距离、方向；视觉、听觉、痛觉、味觉；体型、姿态、性别、年龄；动态、动作、动静、存在等。

必须清晰地认识到，我们熟悉的那些传感器所感知的对象，远远不能满足未来智能家电的需求，如人的表情、心情、感情或思想等。人们的年龄、性别、阅历、健康水平、智商高低等都决定着其感知能力的高低（包括感知过程和效果的差异）。和人的感知能力一样，不同水平的智能家电的感知能力也是可以有差别的（包括感知过程和效果的差异）。非智能家电也是可以有感知能力的，只是其感知能力都是预先设计好的和已经被固化的，其感知效果也是预知的。

所谓决策，就是对输入的信息进行处理并作出判断与决定的能力和过程。人们的大脑就是决策主体，决策需要有信息输入，也必然要有信息输出以指令执行。人的决策所需要的信息，一方面可来自各个器官；另一方面也可来自大脑的记忆（在之前的感知过程中存储的信息）。当决策需要使用储存在大脑中的信息时，仍需要另一种形式的感知过程——去识别、去提取、去转化（因此，大脑记忆信息的输入仍可视为一种形式的感知过程）。

智能家电的决策是由控制系统中的CPU（或后台服务器的CPU）实现的，其决策所需要的输入信息一方面来自各个感知系统（传感器）；另一方面，控制系统中（数据库）存储的数据使得智能家电具有了记忆功能，这些被记忆的信息也是决策所需信息的来源。

人们的年龄、性别、阅历、健康水平、智商高低等都决定着其决策能力的高低，体现在对所接收信息的识别和决策水平的高低（包括决策过程和效果的差异）。不同水平的智能家电的决策能力是可以有差别的（包括决策过程和效果的差异）。非智能家电也是有决策能力的，只是决策过程中的信息输入和信息输出都是预先设计好的和已经被固化的，其决策的效果也是预知的。

所谓执行，就是把决策结果付诸实施的能力和过程。这是人们感知、决策的目的所在。人们的执行行为分为有形或无形两类。前者的执行主体是人的有形的器官或肢体，后者的执行主体比较复杂，可能包括神经系统等。人们的肢体动作或器官的某些反应都是有形行为的例子；而对如"不想烦心事了"的决策的执行，则是一种无形行为。无形行为和有形行为有时往往是交融在一起的，如对于"睡觉"的执行，就是兼有有形和无形行为的执行过程。

智能家电的执行是通过其实用性功能／性能的相关载体实现的。人们的年龄、性别、阅历、健康水平、智商高低等都决定着其执行能力的差别。不同水平的智能家电的执行能力也是可以有差别的（包括执行过程和效果的差异）。非智能家电也是有执行能力的（否则就没有实用性了），只是执行过程是预先设计好的和已经被固化的，其执行的效果也是预知的。所谓学习，就是一种获取信息、识别、提炼／整合和加以利用的能力和过程，其目的是提高自身的相关能力。学习的内容包括知识、经验、教训、方法等；学习的过程包括识别学习对象、确定学习方法、展开学习过程（包括信息获取与利用、计算、信息记忆和存储等）、输出学习结果等；学习的结果可使上述感知、决策、执行的能力得到提高或优化。这种能力的提高或优化表现在能适应预期或非预期的变化或可使上述各过程的效率与效果更佳。通过学习，使人们能够自主适应内外部条件的变化，能够自主调节自己的有形或无形的行为，自主提升自己的有形或无形的行为效果等。

智能家电的学习过程和实现方式是复杂的，但与人的学习在原理上是相同的。智能家电的学习强调的是自主性或（自主）接受外界干预下的自主性。人们的年龄、性别、阅历、健康水平、智商高低等都决定着其学习能力的高低。不同水平的智能家电的学习能力是可以有差别的（包括自主学习能力的高低和在学习中对外界干预的依赖程度的高低及学习的实时性的差别等）。非智能家电是没有自主学习能力的，它们的感知、决策、执行能力的提高，只能通过硬件或软件的人为升级或改造而实现；非智能家电不具有自主适应外部条件非预期变化而自主采取应对措施的能力。

第三节　影响智能家居未来发展的若干技术

智能家居可以改变人们的生活方式，创造更便捷、更安全、更高效的生活空间。科技的进步，促进了智能行业的飞速发展，就在几十年前还存在于科幻世界的"红外线监控""门开灯亮"等科幻效果也开始出现在我们的生活中，并影响着我们的生活。随着技术的创新和进步，对于智能家居行业来说将更加值得期待。

一、物联网

物联网是互联网、传统电信网等信息的承载体，让所有能行使独立功能的普通物体实现互联互通的网络。在物联网上，每个人都可以用电子标签将真实的物体上网联结，查询它们的具体位置。如果说互联网是将人连接在一起，那么物联网则是将现实世界中各种各样的物体连接在一起。智能家居通过物联网技术连接家中的各种设备。面对新一轮信息科技机遇，越来越多的企业也在加大部署或者探索物联网，以此驱动产业转型升级。

二、大数据

通过物联网连接的各种智能家居设备彼此交互会产生大量的数据。据估计，一辆自动驾驶汽车行驶 1.5 个小时就能产生 4 TB 的数据。分析这类数据，并从中生成可操作的信息，是大数据的重要应用领域。大数据可以帮助硬件厂商挖掘用户使用行为，建立用户画像，从而优化产品策略和市场预测，最终达到用户的个性化定制，加大二次销售。同时，可以监控硬件的使用状态，分析使用故障，从而指导产品升级和迭代。

三、云计算

智能家居设备运行所产生的大量数据并不都是存储在本地，剩下的则会上传到"云"。云计算是一种基于互联网的分布式计算，分布在各地的不同终端通过网络"云"连成一体，共享软硬件资源和信息，大幅提升了单个终端的性能。云计算赋予家居设备前所未有的学习能力和适应能力，能够对家中的数据、信息进行有效地分析与处理，并将最优结果体现在智能设备上，提升家居的智能效果。

四、人工智能

随着人工智能的成熟，基于深度学习技术的语音识别、图像识别等基础应用将成为智能家居的标准配置。深度学习是以人工神经网络为架构对数据进行表征学习的算法，属于机器学习的一部分。机器学习是人工智能的核心，专门研究计算机怎样模拟或实现像人类一样的学习能力，以获取新的知识或技能，重组已有的知识结构，不断改善自身的性能。届时，更强大的 AI 不仅能让人从办公室查看家里的情况，自动进行火警、盗窃等威胁监测，还更有可能主动地提醒我们危险即将发生，让生活更加便利和安全。

五、虚拟现实

虚拟现实 (VR) 技术利用计算机模拟产生一个虚拟世界，给用户提供关于视觉等感官的模拟，让人仿佛身临其境，可以即时、没有限制地观察三维空间内的事物。当用户进行位置移动时，计算机可以立即进行复杂的运算，将精确的三维世界影像传回产生临场感。除了计算机图形技术所生成的视觉感知外，未来的 VR 设备将具有人的各种感知，如听觉、触觉，甚至还包括嗅觉和味觉等。虚拟现实技术作为一种高级人机交互技术，将在智能家居系统中提供人与智能设备之间传递和交换信息的媒介和对话接口。

2016 年，VR 产品进入爆发成长期，VR 概念受到热捧，但受技术发展和内容短板制约，产业发展尚不成熟，未来有望以游戏、电影为突破点，实现用户规模的突破。目前，虚拟现实已经开始应用在家装领域，试想一下，当消费者可以戴着 VR 设备，真切感受智能家居的各种应用场景，体验感将大大提高。

六、增强现实

增强现实（AR）技术源自虚拟现实技术，是虚拟现实技术的扩展。增强现实技术将虚拟信息与真实场景相融合，通过计算机系统将虚拟信息以文字、图像、声音、触觉等形式渲染补充至人的感官系统，从而增强用户对现实世界的感知。AR 技术并没有让用户完全沉浸在虚拟环境中，而是将虚拟物体合成于真实环境中，让人感觉到虚拟加现实的双重世界。

虽然目前还没有成熟的面向消费者市场的 AR 产品，但借助手机、平板设备，在儿童教育领域已经出现了 AR 应用爆品。业界认为 AR 将是下一个时代的 Mobile，便携性将刺激更多用户在日常生活中使用 AR 产品。

七、混合现实

混合现实(MR)源自对虚拟—现实连续统一体的描述，是将真实环境和虚拟环境连接在一起的部分，MR 技术包含增强现实和增强虚拟（AV）技术。混合现实结合真实世界和虚拟世界，创造了新的可视化环境，能够实现真实世界与虚拟世界的无缝连接。目前，混合现实技术的应用多处于研发阶段，采用混合现实的方法进行数据可视化或操作指引，能减少计算机对实物模型的制作，从而节省时间和成本。将 MR 技术引入智能家居系统，可以将真实世界的智能家居设备和虚拟世界中的模拟效果融合，得到更加丰富的体验。

八、智能传感技术

传感技术是指高精度、高效率、高可靠性的采集各种形式信息的技术。传统的传感技术仅具有信息处理功能，能够探测、感受外界的信号、物理条件（如光、热、湿度）或化学组成（如烟雾），并将探知的信息传递给其他设备集。智能传感技术集信号感知、信息处理和通信于一体，具有自动诊断、自动修正等功能。各种智能传感设备作为智能家居的神经末梢，对信息的传递、命令的智能发布都有着重要意义，可以实时收集数据，然后反馈到人工智能控制系统，将人类的逻辑大脑赋予机器。

九、机器人技术

目前，机器人主要应用于工业，服务机器人处于产业化初期，其中使用最为广泛的是家庭清洁机器人、陪伴机器人和教育机器人。由于某些技术、环境的限制，当前的机器人还处于一个低智能化阶段，并没有具备成为一个管家所应该拥有的资质与能力。人工智能技术与机器人技术的结合将改变传统的机器人产业格局，就像智能手机对传统手机行业的颠覆一样。实现既具备机械肢体和像人一样智能的机器人，是人工智能和机器人技术发展的终极目标。未来，智能家居的中控系统可以落在机器人身上，智能机器人管家会自动操控各种智能家居设备，帮助用户管理行程和打扫房间，实现更加便利和舒适的生活。

十、边缘计算

边缘计算靠近物理设备或数据源头的网络边缘侧，融合网络、计算、存储、应用等核心能力，就近提供边缘智能服务。智能家居设备之间联动可以通过局域网内的边缘计算实现，边缘计算内的逻辑在云计算上有备份；边缘计算的控制与云计算的控制需要同步，设备内的信息也需要定时更新。适用于智能家居的边缘计算操作系统在网络边缘侧对家庭数据进行处理，由于边缘节点更接近于用户终端装置，数据的处理与传输速度更快、延迟更小。通过边缘计算操作系统接口，我们还能将物联网设备引入智能家居系统中，即使是外部用户也可以访问智能家居设备，从而拉进智能家居系统和传统网络之间的距离。

十一、5G

5G 让智能家居系统可以整合更多的智能设备，提供更流畅的多媒体内容，为高质量的语音和视频通话提供更好保障，实现更快的上传和下载速度，并为智能技术的延伸提供强有力的技术支持。应用 5G 之后，通过室内终端或者手机等控制智能设备更加快捷，不会因为网络连接问题而懊恼；室外访客通过门禁呼叫业主，在建立通话的同时，视频的连接会更加稳定，不再会有卡顿现象，语音更加清晰；在室内不会因为距离远或者传输中有墙面阻隔而导致信号变弱，用户远程控制不灵敏的问题将得到解决。

十二、脑机接口技术

脑机接口指在人或动物脑与外部设备之间创立直接的连接通路。单向脑机接口一般指由脑向计算机单方面发出指令，如让人用意念控制机器臂运动，这种技术可以帮助因脊髓损伤而失去行动力或感知力的截瘫患者。双向脑机接口则可以在脑和外部设备间实现双向的信息交换，理论上能用于提高人的学习效率、加强注意力甚至记忆力，在实际应用落地方面值得研究。未来的智能家居可能不是通过触摸、声音，而是靠意念控制的。

十三、健康、医学和生命科学技术

未来生活中，大约有 70% 的数据直接或间接地与生命相关，包括可穿戴设备和智能家居等日常设备对人体生命数据（血糖、心电、运动量、摄入物质等）信息的采集，针对数据建立的健康预测模型，以及智能设备收集的关于生活场景、生活方式的信息，都将成为重要的数据来源。相关学科领域包括细胞生物学、微生物学、神经科学、核酸与基因工程、蛋白质与蛋白质工程、酶与酶工程、生物信号与识别、动物行为学、认知科学、生命起源等。

第二章

语音 AI 赋能家居生活

虽然智能音箱厂商们在奋力比拼生态壁垒、技术开放的能力、连接设备的数量及开发者的影响力，但是本质上比拼的还是人机交互的技术实力、开发者对用户刚需的捕捉能力及如何更好地体现语音交互的价值。

"AI + 硬件"有两种赋能模式：硬件赋能模式和互联网管道模式。前者是硬件的智能化，后者则是 AI 服务的终端渗透，硬件只是 AI 服务的一个管道。无论是哪种模式，人工智能技术实力是市场竞争的法宝，对于智能音箱而言更是如此。为什么人工智能技术对智能音箱至关重要？因为智能音箱要能通过语音跟用户交互，这比语音输入法难得多。

从使用角度来看，智能语音的应用需要解决的核心问题是识别、唤醒和降噪。智能音箱需要化解众多挑战：要随时能被快速唤醒，同时不能频繁被错误唤醒；人们的发音及方言各不相同，智能音箱要听清并理解用户自然语言的挑战大；如果放置在客厅内，客厅空间大，音箱距离用户往往比较远，对智能音箱识别远场语音的要求就要高；智能音箱如果带屏，就要求实现多模式交互，问题会更复杂，都需要人工智能技术。

从产品层面来看，家庭场景对于语音的核心诉求就是舒服。人们工作一天回到家，讲的就是"舒服"两个字，所以对于所有的智能设备，能够用嘴解决的问题坚决不用手。这是在家庭场景下打造产品的一个核心思路。

第一节　人机对话，不会是人工"智障"吧？

对于机器来说，人类是机器的创造者，人类能够赋予机器灵气吗？科学家们一直在做这样的实验，不断地让机器变得越来越聪明，甚至可以自由地跟人类对话。有预测认为，在 2045 年的时候，机器的智能水平将能够超过人类，机器能够和人共存，甚至让人得到永生。

理想是美好的，但现实是这样的：人们可能会给一个智能语音设备起一个外号——人工智障。原因何在呢？大概是这样的：我们在使用智能设备的时候，每次跟设备交互，都需要唤醒一次，很不人性化；目前的设备对人类的理解水平还比较弱，只能理解比较简单的单句，如果我们换一种说法，它就理解不了。例如，目前的智能音箱并不能回答一些复杂的问题。

作为从开发语音交互系统起家的云知声公司，并不想做一个人工智障的批发制造者。针对这样的问题，云知声公司提出 3 个解决之道。

第一个解决之道是流式对话。可以解决每次交互都需要唤醒的问题，实现在多次对话中做到免唤醒。流式对话最重要的特点是非常接近人与人对话，免唤醒，可以随时打断。从技术上来讲，它主要涉及 3 个技术。一是智能断句。智能设备该怎样判断用户说的某句话是否说完了，或者用户的沉默意味着什么。用户在对话中难免出现短暂的沉默，那意味着这句话说完了，还是用户在做短暂的思考？二是判断噪声。在人机对话的时候，旁边人说的话或者周边的噪声都能进入智能设备里被它听到，那智能设备该怎样判断这不是主人在和它说话，而是其他的噪声，这涉及特征选取的问题。三是响应打断。对话中不同的打断点、打断次数，以及不同地方打断的含义是不一样的。如果是在中间打断，这句话可能要重新说一遍，如果是在后面打断，这句话也许就不用重复了。

为了实现这3个技术，未来的研发必须要把语音和语义做深度结合。智能设备要结合语音停顿时长、声音有没有变化等语音信息，判断是不是噪声或者停顿，或者某个语音和跟其说话的人是不是同一个人。更重要的是要看完整性，判断某句话是不是完整的语义，是不是跟上下文相关。

第二个解决之道是语用计算。在理解一句话含义的时候，要从语用的角度，而不是直接从语境的角度来理解，要结合更丰富的语义，去真实地理解一句话真正的含义。语用计算要求智能设备准确理解一句话的会话含义，涉及两个方面：一是语义一定是跟语境相关的，要在特定语境下理解某句话的含义；二是表达会话含义，而不是字面含义。这在我们日常生活中很常见，如女同胞说"讨厌"，就需要根据不同情况来理解。很多词语的含义非常丰富，采用不同的音调和在不同的场景中，它的意思都不一样。

语用对话信息非常丰富，可以分为三大类：一是说话当时的时间点的背景信息，包括说话当时的天气、地点、时间，甚至包括人的情感。例如，与空调进行人机对话时，空调能够感受到的室内外温度和湿度，都是语境信息。二是上下文信息，也就是一段时间的背景信息。除了智能设备所属领域的常识性知识之外，还包括用户年龄、性别、教育水平等对用户进行画像的信息，以及智能设备本身的信息等。三是一段比较长时间的信息，也就是比较长期的语音信息。

对人机对话的语义理解，如果仅从字面来理解，就如同仅仅理解了冰山浮于水面上的一角，要真正理解一句话的含义，就需要深入理解冰山下面各种各样的语境信息。因此，自然语言理解是很难的，这也在一定程度上解释了为什么说自然语言一直被称为人工智能的皇冠。

第三个解决之道就是知性对话。要把知识引入对话过程中，让知识图谱全程参与和支撑聊天、问答等整个对话过程，智能设备将是有知识的，会表现得像一个专家一样。

知性对话的基本思想就是把知识图谱用到知性对话里面，对人的语调，不管是聊天语调还是问答的语调，都要通过实体发现和链接，并把它和知识图谱关联起来。这其中最重要的事情就是要把字符串变成一个一个的实体，让智能设备不是处理字符串，而是处理实体，也就是知识图谱里关联的东西。

基于知性对话和知识图谱的关联，可以做人机聊天和问答。聊天可以做生成式聊天和检索式聊天。在检索式聊天里面，要对聊天语调做线上处理，要把聊天语调实体和知识图谱的实体关联起来，这样的话，聊天的时候，智能设备的应答才能比较聪明。

人机聊天是非常具有挑战性的，聊天通常被称为人工智障的地方。例如，你问它多大，它说 18 岁，但是你问它高寿，它就说 88 岁。这是因为人工智能系统都是与语调爬虫结合在一起的，但是它并没有把语调做统一处理，这些语调关于年龄和性别的回答可能都是一致的。人们希望智能设备有一个统一的人格，这需要把语调里面跟人格相关的信息做成统一化，保持一致。

让智能设备聊天更聪明，就需要大数据支撑。从 2013 年开始，云知声公司开始建立对话技能开放平台，也叫语义云，把与对话相关的所有技术都开放在这个平台里。智能设备的聊天、问答、操控和对话等，都可以从这个平台上获得支持。支持的领域已达 200 多个，包括通信、电视、音箱、家居、教育、娱乐休闲、医疗健康、交通出行和设备控制等。

第二节　降噪让机器听到纯真的声音

若要实现人机对话沟通，首先要让机器准确清晰地接收到人类发出的信号，让机器能够听懂人类、读懂人类，实现真正的无障碍沟通。

这就涉及语音识别。从20世纪50年代开始，语音识别一直没有得到大规模应用，直到21世纪。第一个时间点是2006年Geoffrey Hinton提出深度信念网络（deep belief network，DBN）。它是一种生成模型，通过训练其神经元间的权重，可以让整个神经网络按照最大概率来生成训练数据。我们不仅可以使用DBN识别特征、分类数据，还可以用它来生成数据。这是深度学习或者是人工智能基础理论的重大突破。

2011年发生了两个事情：一个是微软把深度神经网络（deep neural networks，DNN）用于语音识别技术（automatic speech recognition，ASR），另一个是苹果把深度神经网络用于Siri。其中，一个是语音识别的突破，另一个是产品的应用，它们让广大用户知道语音识别是什么东西。

2014年是分水岭，或者说是从远场识别切换到近场识别非常重要的一个节点。亚马逊推出的echo有7个麦克风，之后智能音箱被国内外公司广泛作为中控设备或者是流量入口来研发推广。另外，冰箱、电视等没有扬声器的家电产品、用于前装和后装的车机产品、机器人等都开始广泛应用人工智能。

所谓近场识别，是在0.5米以内的位置、在安静条件下进行数据录制。从近场识别到远场识别会有哪些问题，或者说远场识别会碰到哪些问题？实践验证，在不同的场景、不同的干扰之下，对于远场识别，无论是唤醒还是识别，成功率或准确率都将有非常大的下降，这样将直接导致从可用状态下降到不可用状态。

那如何将远场应用变成近场应用？关键点就是前端信号处理，就是把很多干扰噪声去掉，留下干净的声音，送到机器那边，保证机器能够识别。

常见的语音识别系统的拾音（即让机器听清说话人声音）距离一般不会超过 1 米（臂展距离），固化的场景、近距离的交互需求对语音识别并不会有太大的技术障碍。然而，随着物联网应用场景的大幅外延，人机交互从近场走向远场（距离大于 3 米），场景的多样化、复杂化则令语音交互这一技术的实现面临越发严峻的挑战，其中远场语音"拾音"问题是首要难点。

以目前常见的智能音箱为例，高功率喇叭回声、多声道回声及混响是最为常见的，也是一直需要改进的难点。与手机、电话使用的小功率喇叭不同，智能音箱通常使用高功率的喇叭，远远高于手机、电话的喇叭音量，当播放音乐的时候声音能量超过 90 dB，而处于远场处的人声信号能量在 60 dB 左右，相差 30 dB，意味着回声干扰的能量高于人声信号能量 1000 倍。而与手机、电话仅使用一个喇叭不同，为了得到更高的音质效果，智能语音设备通常使用多个喇叭构成多声道，多声道就造成了更为复杂的回声干扰。

由于房间混响因素，为了得到很好的回声抑制效果，就造成回声消除的收敛速度非常缓慢。理想情况是下一个回声一出来就抑制了，但实际上做不到，回声是逐渐抑制的，抑制回声越快收敛速度就越快。

总体来看，要解决远场语音交互中的"拾音"问题，至少需解决如下问题：① Target Speech 距离远，信号能量弱（语音本质上是振动信号的一种，在介质中传递信号能量会不断衰减，一般在空气中传播时，能量衰减与距离平方成反比，且高频衰减快于低频），噪声较强，信噪比低；②回声影响；③混响严重，声音信号浑浊；④环境干扰信号（Interference）强，信干比低。

　　未来，语音识别技术的发展将呈现两大趋势：一是传统信号处理技术和深度学习技术融合。传统信号处理技术对信号局部特性有很好的处理特性，但是它对更高性能的追求并不是特别好，如不太好处理关门声音或风声。深度学习借助大数据，从大数据之中学习和探索信息，如一些撞击声音、风声。根据测试，通过深度学习降噪取得的效果要好于传统的方法。另外，深度学习技术可以用现在、过去和未来的数据，一起预测现在。二是从单体唤醒到分布式唤醒。一个家庭里面有大量的单体声道，如冰箱和空调，人们回到家里，每一个单体都有一个唤醒词，人们就需要记住很多单体的唤醒词，非常烧脑。假设如果让所有的单体唤醒词都叫"小明"，当人们说出"小明"时，所有的单体都响应，这也是不行的。最好的解决方案就是所有单体之间具备互通互联特性，如当人们到家时，走到书房，可以对书房的灯说"打开卧室的空调，我一会儿睡觉"，所有房间内设备都处在互联互通的状态下，可以用任何一个设备唤醒另一个设备，这将是更好的方案。

第三节　AI 芯片让机器更好地服务人类

　　未来，当你在夏天炎热的夜间打开空调睡觉的时候，空调会自动感知你身体皮肤的温度，当你的皮肤温度低到一个事先设定的温度的时候，空调会自动调整温度，或者转换风向。这些功能的核心便在于人工智能芯片。

　　为了能更好地将语音交互的 AI 能力付诸实际应用，AI 语音芯片至关重要。以出门问问和杭州国芯合作的 AI 语音芯片模组——问芯 Mobvoi A1 和问芯 Mobvoi B1 为例，Mobvoi A1 能够保证远场语音交互在噪声环境下的体验，适用于智能电视、智能机顶盒、智能冰箱、智能镜子、智能零售终端等产品场景；Mobvoi B1 则集成了各环节所需的全栈式语音交互功能，可广泛应用于智能小家电、智能晾衣架、智能沙发等产品场景中。

人工智能芯片可以分为云端芯片和边缘芯片。人工智能云已经有很好地发展，在云端不仅集成了很多人工智能，还集成了教育、医疗等领域的很多知识。所有的知识在跟用户连接的时候需要一个载体，这个载体过去是手机，但是在物联网时代，这个载体可能不是手机，而是开关插座、音箱等，或者所有的设备都有可能。

对于这些设备来说，需要有个载体能够用来承接云端的能力，把云端能力赋予用户，同时能够把用户端的数据及需求向云端上传，确保这个载体实现这些功能的方案，这便是 AI 芯片及其上面的应用，所以 AI 边缘芯片对于物联网和人工智能的落地应用具有核心的意义。

传统的 CPU 芯片在设计的时候，考虑最多的是电路设计是否足够好，成本和功耗是否比较低等，但人工智能边缘芯片则要考虑应用场景、安全需求和低功耗需求。在安全方面，系统知识产权 IP 被非法窃取、系统固件受到非法篡改和伪造、用户侧产品被非法控制、用户信息被非法窃取、用户隐私得不到有效保护……这些因素都对人工智能芯片的研发带来挑战。

未来是什么在决定着物联网和人工智能 AI 芯片的设计？云知声公司认为，未来的芯片需要面向具体场景，基于应用端和云端互动的思想，提供多模态处理的能力，在性能、功耗、面积上达到优异平衡，并兼顾连接和安全的需求。

第四节　麦克风阵列是怎么回事

不管是智能音箱还是带屏智能音箱，最重要的技术之一都是麦克风阵列。麦克风阵列是一种功能与普通麦克风类似的麦克风设备，但它不是只有一个麦克风来记录声音输入，而是有多个麦克风来记录声音。简单来说，就是麦克风的排列组合。一般来说，麦克风阵列有线形、环形和球形之分，严谨地应该说成是一字、十字、双 L、平面、螺旋、球形等。

麦克风阵列可以根据需要或希望记录声音输出而设计成包含任意数量的麦克风，具体来说，可以有 2 个到上千个不等。然而，由于成本限制，消费级麦克风阵列的数量一般不超过 8 个，所以市面上最常见的就是 6 麦和 4 麦的阵型。

麦克风越多越容易实现更好地降噪和语音增强效果。与多麦克风相比，双麦克风的缺点主要是声源定位只能定位 180° 以内的范围，而环形麦克风阵列（不管是 4Mic、6Mic，还是 8Mic）都可以做到 360° 全角度范围内的定位。

麦克风阵列对智能音箱至关重要，它的作用主要是语音增强、声源定位、去混响、单或多声源定位等。手机和蓝牙耳机上的降噪功能可以使用双麦克阵列，因为距离近，受噪声干扰小。但是，智能音箱的使用场景大多在家里，环境嘈杂，距离又远，在定向声源信息、抑制无关噪声、保证真实环境的语音识别率方面，双麦克与多麦克相比，效果肯定会大打折扣。

要想更好地接收声音，抑制噪声，麦克风阵列中的麦克风匹配至关重要，需要考虑 3 个方面：方向性、灵敏度和相位。麦克风的方向性是指它可以从哪个方向接收声音。有些麦克风只能接收单向的声音，而有些麦克风可以接收来自四面八方的声音。如果一个麦克风只能接收来自某个方向的声音，而另一个麦克风可以接收来自各个方向的声音，这将导致不平衡的录音。灵敏度是麦克风在记录信号时获得的增益。在麦克风阵列设备中，灵敏度必须非常匹配，否则一个麦克风的声音会比另一个大，从而产生不平衡的录音。相位是麦克风开始录音的时间的参考度线，也就是说，它决定了阵列中所有麦克风开始和停止录音的时间。如果麦克风有完全不同的相位，它们将在不同的时间记录信号，这将导致不同步的记录。麦克风最好能同时记录信号，这样信号之间就不会有延迟。就像灵敏度一样，麦克风之间的相位差必须有一个最大的允许公差。这种差异通常是 ±1.5 度，确保信号记录同时，可以统一记录。

随着智能车载、智能家居、机器人、可穿戴设备等热潮的兴起，语音交互应用越来越多，麦克风阵列技术已经越来越多地被应用到消费领域，麦克风阵列自然也成为其中非常重要的前端技术。

第五节　离不开的传感器

传感器是一种检测装置，能感受到被测量的信息，并能将感受到的信息按一定规律变换成为电信号或其他所需形式的信息输出，以满足信息的传输、处理、存储、显示、记录和控制等要求。国家标准 GB7665—87 对传感器下的定义是："能感受规定的被测量并按照一定的规律转换成可用信号的器件或装置。"

传感器是实现自动检测和自动控制的首要环节，让物体有了触觉、味觉和嗅觉等感官，让物体变得活了起来。传感器一般由敏感元件、转换元件、变换电路和辅助电源 4 个部分组成，敏感元件直接感受被测量，并输出与被测量有确定关系的物理量信号；转换元件将敏感元件输出的物理量信号转换为电信号；变换电路负责对转换元件输出的电信号进行放大调制；转换元件和变换电路一般还需要辅助电源供电。

人们为了从外界获取信息，必须借助于感觉器官。如果单靠人们自身的感觉器官，在研究自然现象和规律及生产活动中，它们的功能就远远不够了。为适应这种情况，就需要传感器，可以说，传感器是人类五官的延长，又称之为电五官。

在利用信息的过程中，首先要解决的就是要获取准确可靠的信息，而传感器是获取自然和生产领域中信息的主要途径与手段。传感器早已渗透到诸如工业生产、宇宙开发、海洋探测、环境保护、资源调查、医学诊断、生物工程、文物保护等领域。在现代工业生产，尤其是自动化生产过程中，要用各种传感器来监视和控制生产过程中的各个参数，使设备在正常状态或最佳状态下工作，并使产品达到最好的质量。可以说，没有众多的优良的传感器，现代化生产也就失去了基础。

智能传感器是整个智能家居控制系统的"中枢神经"，确保了智能家居控制系统的工作效率，对信息的传递、命令的智能发布具有重要意义。当智能产品增加了各种类型的感应器后，将会更好地为用户提供智能功能和服务。

智能家居中常见的传感器包括如下几种。

(1) 温度传感器

温度传感器可以保证室温的恒定，是智能家居中必不可少的组成部分。在温度的测量中，温度传感器可以根据环境的变化或者用户需求产生不同的反应，通过传感器可以采集温度信息，将数字信号转化成为电信号，将温度信息传递给计算机系统，从而通过中央控制体系传输给空调，实现智能家居的温度控制。

(2) 湿度传感器

与温度传感器类似，这一类的传感器主要用于感受空气中的湿度，并按一定的规律，变换成电信号或其他所需形式进行信息的输出。例如，抽湿器或加湿器类的产品，包括空调，一旦感应到湿度不符合需求就会自动开启，给空气加湿或抽湿。加湿器设置自动感应恒湿系统，自动感应周边环境的湿度，风速自动调整，自动调节加湿量。

（3）烟雾和气体传感器

在智能家居中，气体浓度传感器广泛用于室内空气质量检测、换气扇、新风空调系统、空气净化器等。针对空气中气态有害物，如气味、香烟气、油烟、CO、酒精、甲醛及二氧化碳浓度。通过气体浓度传感器的应用，可以实现对换气扇、油烟机等调控，通过联通开窗器还可以自动开窗通风。

（4）图像传感器

图像传感器通过监控设备实现监控，如对住宅周边的监控。传统的监控手段主要通过摄像头进行监控，无法将信息传递给用户。在智能家居系统中，通过 PC 端监控可以将信息发送给用户的手机或者电脑，利用图像传感器进行光电转换，实现对智能家居的全面控制。

（5）光敏传感器

光线传感器主要用于感知光线的明暗，一般用于智能灯、灯泡类的产品、智能窗帘及智能手机的屏幕等各种产品中。例如，夜灯在白天或光线充足的情况下不会启动，而在黑夜或光线过于暗的地方，在有人走近时，就会自动亮起；人离开或者是入睡的情况下，则会在延迟一定时间后自动关闭。

（6）人体传感器

人体传感器主要以红外线、超声波等方式，让设备对人体或身体的活动产生感应。大部分具有人体感应设备的智能家居产品都采用红外线传感器的方式，追踪用户的身体行为，让产品对人体的活动产生反应，并开启或关闭设备。

（7）门磁传感器

门磁传感器可以用来探测门、窗、抽屉等是否被非法打开或移动。这种传感器一般被安装在门或窗上，感应门窗的开关，配合其他智能安防产品使用，来防止意外入侵的发生。它是由门磁主体和永磁体两个部分组成，两者离开一定距离后，门磁传感器将发射无线电信号向系统终端报警。

目前，智能家居产品中的大部分传感器不需要与使用者产生直接互动，传感器可以通过对周边环境、身体等的感应，自动触动对应的产品发生设定，提升居家生活的便捷性和安全性，真正实现智能化生活。

第三章 ●····

打造智能家居的感知力

　　要谈到智能家居的感知力，就不能不提到传感器。优质的智能家居生活需要高品质的传感器来实现。更进步的传感技术将让传感器更好地发挥"感知器官"的作用，进一步降低人的干预程度，让智能更自主。随着技术的发展，智能家居将更加注重智能设备的"自我感知"和学习能力，逐步从手机远程控制演化到感知阶段。未来，智能家居主动去"感知"将成为必然趋势。

　　看看智能家居是如何感知的。智能家居的控制系统（智能中控或者叫智能主机）相当于一个"大脑"，在算法、数据等支持下，可以快速处理各个部件的数据。以智能门锁为例，有人通过指纹开锁，它就要对指纹进行收集和比照，以确定是不是授权过的指纹。如果是就直接开锁，否则就拒绝开锁并向用户手机发送报警信息。智能家居如何收集这些数据呢？答案就是传感器。智能家居有多种多样的传感器，如红外感应、烟雾感应、水浸感应、恒温器、燃气走漏探测器等，当这些感应器和智能家居组合起来运用，智能家居所能带来的各种美妙体验就可以成为现实了。

　　智能家居将人、家庭与社会网络融为一体，使人、物、环境都成为网络中的一环，实现了无边界沟通。进入感知阶段后，借助于传感器收集有关家庭环境、用户活动或设备状态的数据，并通过在算法中使用这些数据，智能家居可以自动响应不断变化的环境条件和用户偏好，从而更加接近于情境感知。也就是说，具有情景感知能力和应变能力的智能家居能够自主判断、协调联动，在正确的时间、正确的地点做出用户想要做的事情。例如，天气过于炎热或寒冷的时候，感应器会收集室内的温湿度参数，并通过联动空调、加湿器等设备，将室内的温湿度调节至理想范围。

情境感知的应用需要一个设备从多个设备收集数据，并在接收到数据后执行操作，从而允许用户使用最少的语音命令控制周围区域，可以预测用户需求并基于状态感知去激活智能家居设备。

情景感知对有关家庭环境、用户活动或设备状态的数据的搜集是有重要意义的。当前，智能家居厂家的普遍做法是给产品植入模块以后，让产品具备联网能力、APP 操控能力、语音对话能力，最后通过云端处理分析数据进而提供相关服务。然而在现实中，很多产品的语音交互频次和信息量并不高，智能设备对 APP 的强依赖性也并不适合所有家庭成员，产品的自动化和个性化本质上并没有得到多大提升，甚至使用起来更为烦琐和耗时，没能真实提升用户体验。

在这种情况下，智能家居在人机语音交互或者对用户使用习惯的分析基础上，增强对人和环境的主动感知和应变能力就格外有意义。这其中关键的是家居系统数据源，如你什么时候回来、什么时候出去、什么时候睡觉、什么时候起床、家里面的活动区域和非活动区域在哪里、门在哪里等。家居系统数据源获取的难点在于如何通过光线、动作、声音、红外等多种非视觉传感技术实现收集，并挖掘出来更多可以表明特征的信号。

第四章 ●···

不同智能家居之间如何实现联通

　　智能家居的应用具有广阔前景，但智能家居的智能不能仅仅体现在家居单品的智能化，更应该体现在不同单品间互联互通构成的完整体系的智能化。从 2014 年开始，互联网企业、手机厂商、家电厂商等纷纷入局智能家居行业，但智能家居品牌与品牌、产品与产品之间无法相互联通却是阻碍行业发展的痛点，极大地影响了消费者的应用体验。智能家居产品需要解决互联互通问题，打破壁垒，为消费者带来更加美好的智能生活。

　　如何把这些智能家居产品更好地联通起来？

　　一套智能家居主要涵盖软件、硬件及通信协议，通信协议可以划分为有线通信协议和无线通信协议。有线是控制器跟智能设备之间需要通过实体线连接形成通路而达到控制目的，这种方式比较复杂，而且安装费时费力，成本高，但是相对来说稳定性较好。无线是通过红外或者 WiFi 覆盖就能达到信息传递从而进行家居智能控制。随着无线技术的不断发展，无线网络技术对智能家居网络的发展起到了良好的推动作用。

　　通信协议还可以分为点对点通信、星状通信网络和网状通信网络。

点对点通信协议，即两个设备之间的连接协议，其代表是蓝牙协议。在星状结构中，通常以一个设备向其他设备节点辐射。其中，WiFi 作为一种代表性的通信协议，已经被广泛地使用。家中的智能产品通过 WiFi 与路由器相连，进而通过互联网接入产品云。用户也可以在手机有网络的地方，通过互联网去控制智能产品，包括远程查看和控制。不过，由于路由器的限制，智能产品必须位于路由器的信号范围内，且数量不能过多。此外，由于一些智能产品交互界面的限制，把其接入 WiFi 网络的设置过程始终有着一定的操作门槛。网状通信网络是指设备之间能组成一个网络，更多的设备可直接互相通信，具有更强的稳定性和拓展性，所以这种协议可以在智能家居中很好地发挥作用。ZigBee、Z-Wave 及 Thread 等都属于网状通信协议。在网状结构中，通常有一个中心设备——网关，创建并管理着这个网络。有的设备不仅是一个节点，还可以参与数据的转发，转发路径是唯一的，并且需要一定的算法去确定。而有的设备则只是接收数据的节点，大多数时候处于休眠状态，以实现设备的低功耗。在完成组网后，为了进一步把设备接入互联网，还需要把网关和路由器相连。

在实际应用中，网状结构可以实现一定规模的设备连接。家中的智能产品首先通过自组网，直接或间接地与网关连接，而网关又与路由器相连，进而实现了智能产品和产品云的相连，用户也可以通过手机去进行远程控制。

第一节　有线通信协议

一、欧洲总线生态系统

KNX 是家居和楼宇控制领域的开放式国际标准，是由欧洲三大总线协议 EIB、BatiBus 和 EHS 合并发展而来。KNX 标准目前已被批准为欧洲标准（CENELEC EN 50090 & CEN EN 13321—1）、国际标准（ISO/IEC 14543—3）、美国标准（ANSI/ASHRAE 135）和中国标准（GB/T 20965—2013）。KNX 标准可以通过产品认证确保产品的互操作性和交互性，支持多种配置模式和多种通信介质，能与其他系统连接，独立于任何硬件或软件技术。

KNX/EIB 是一个基于事件控制的分布式总线系统。系统采用串行数据通信进行控制、监测和状态报告。所有总线装置均通过共享的串行传输连接（即总线）相互交换信息。数据传输按照总线协议所确定的规则进行。需发送的信息先打包形成标准传输格式（即报文），然后通过总线从一个传感装置（命令发送者）传送到一个或多个执行装置（命令接收者）。

KNX/EIB 的数据传输和总线装置的电源（DC 24V）共用一条电缆。报文调制在直流信号上，一个报文中的单个数据是异步传输的，但整个报文作为一个整体是通过增加起始位和停止位同步传输的。

异步传输作为共享通信物理介质的总线的访问需要访问控制，KNX/EIB 采用 CSMA/CA（避免碰撞的载波侦听多路访问协议）、CSMA/CD 协议保证对总线的访问在不降低传输速率的同时不发生碰撞。

虽然所有总线装置都在侦听并传输报文，但只有具体相应地址的装置才做出响应。为了发送报文，总线装置必须首先侦听总线，等待其他总线装置正在发送报文完毕（这称为载波侦听 carrier sense）。一旦总线空闲，从理论上说，每个总线装置都可以启动发送过程，这称为多路访问（multiple access）。

如果两个总线装置同时开始发送，具有高优先级的总线装置无须延迟可继续传送，这称为碰撞避免（collision avoidance）。同时低优先级的总线装置中止传送，等待下次再试，如果两者具有相同的优先级，那么物理地址较低的可以优先。

总线元件分为传感器和驱动器。传感器负责探测建筑物中智能面板的操作；光线、温度、湿度等信号变化；定时器的定时时间到达等信号。驱动器负责接收传感器传送的总线信号并执行相应的操作，如开闭和调节灯光的亮度、上下遮阳电机／调节百叶、开关空调风机、调节水阀门等。

KNX 协会致力于 KNX 技术和标准的开发与推广，1999 年由 EIBA（欧洲安装总线协会）、EHSA（欧洲家用电器协会）和 BCI（BatiBUS 国际俱乐部）三大协会联合成立。KNX 协会是家居和楼宇控制系统国际标准的创造者和拥有者。会员是开发家居和楼宇控制系统设备的制造商。这些控制设备包括灯光控制、开关控制、供暖、通风、空调、能源管理、计量、监控、报警、家居用具、音频／视频等。ABB、西门子、施耐德、罗格朗、吉莱、永诺、海格是 KNX 协会的会员。

二、RS485 协议

RS-232、RS-422 与 RS-485 都是串行数据接口标准，最初都是由美国电子工业协会（EIA）制定并发布的，RS 是"推荐标准"的英文缩写。RS-232 在 1962 年发布，作为工业标准，以保证不同厂家产品之间的兼容。RS-422 由 RS-232 发展而来，是为了弥补 RS-232 的不足而提出的，是一种单机发送、多机接收的单向、平衡传输规范。为扩展应用范围，EIA 于 1983 年在 RS-422 基础上制定了 RS-485 标准，增加了多点、双向通信能力，即允许多个发送器连接到同一条总线上。

串行接口是指数据一位一位地按顺序传送，其特点是通信线路简单，只要一对传输线就可以实现双向通信（可以直接利用电话线作为传输线），从而大大降低了成本，特别适用于远距离通信，但传送速度较慢。一条信息的各位数据被逐位按顺序传送的通信方式称为串行通信。

RS-485 最大传输距离为 1200 米，在考勤、监控、数据采集系统等方面使用广泛，目前在别墅、大宅的智能家居中应用较多。

第二节　无线通信协议

无线通信技术包括 ZigBee、Z-Wave、易能森、蓝牙、WiFi 等。WiFi 在浏览网页方面占据着主导地位，蓝牙在连接耳机和可穿戴设备方面也很出色，但智能家居技术需要一个低功耗、随时开机的系统，可以从家的一端连接到另一端。智能照明、供暖、安全设备，以及智能设备和自动化控制器使用的两个主要标准是 ZigBee 和 Z-Wave。

一、ZigBee

在发现花丛后，蜜蜂会通过一种特殊的肢体语言来告知同伴新发现的食物源位置等信息，这种肢体语言就是 ZigZag 舞蹈，是蜜蜂之间一种简单传达信息的方式。借此寓意，一种无线通信技术被命名为 ZigBee。ZigBee 也被称为 HomeRF Lite、RF- EasyLink 或 fireFly 无线电技术，统称为 ZigBee。

作为一种双向无线通信技术，ZigBee 可工作在 2.4 GHz（全球流行）、868 MHz（欧洲流行）和 915 MHz（美国流行）3 个频段上，分别具有最高 250 kb/s、20 kb/s 和 40 kb/s 的传输速率，传输距离为 10～75 米，可以继续增加，主要用于在距离短、功耗低且传输速率不高的各种电子设备之间进行数据传输，以及典型的有周期性数据、间歇性数据和低反应时间数据传输的应用。

作为一种近距离、低复杂度无线通信技术，ZigBee 具有如下特点。

①低功耗：由于 ZigBee 的传输速率和发射功率低，而且采用了休眠模式，功耗低，因此 ZigBee 设备非常省电。据估算，ZigBee 设备仅靠两节 5 号电池就可以维持长达 6 个月至 2 年左右的使用时间，这是其他无线设备望尘莫及的。

②成本低：ZigBee 模块的初始成本低，ZigBee 协议是免专利费的。低成本对于 ZigBee 是一个关键的有利因素。

③时延短：通信时延和从休眠状态激活的时延都非常短，典型的搜索设备时延是 30 毫秒，休眠激活的时延是 15 毫秒，活动设备信道接入的时延为 15 毫秒。

④网络容量大：一个星型结构的 Zigbee 网络最多可以容纳 254 个从设备和一个主设备，一个区域内可以同时存在最多 100 个 ZigBee 网络，而且网络组成灵活。

⑤可靠：采取了碰撞避免策略，同时为需要固定带宽的通信业务预留了专用时隙，避开了发送数据的竞争和冲突。MAC 层采用了完全确认的数据传输模式，每个发送的数据包都必须等待接收方的确认信息。如果在传输过程中出现问题，可以进行重发。

⑥安全：ZigBee 提供了基于循环冗余校验的数据包完整性检查功能，支持鉴权和认证，采用了 AES-128 的加密算法，各个应用可以灵活确定其安全属性。

ZigBee 技术能融入各类电子产品,应用范围横跨全球的民用、商用、公共事业及工业等市场。ZigBee 技术支持自组网能力强、自恢复能力强，因此，对于井下定位、停车场车位定位、室外温湿度采集、污染采集等应用非常具有吸引力。然而，在智能家居的应用场景中，开关、插座、窗帘的位置一旦固定，一直不变，自组网的优点也就不复存在，但是自组网所耗费的时间和资源却依旧不会减少。

二、Z-Wave

Z-Wave 是一种基于射频的、低成本、低功耗、高可靠、适于网络的短距离无线通信技术。工作频段为 868.42 MHz（美国）～ 908.42 MHz（欧洲），采用 FSK（BFSK/GFSK）调制方式，数据传输速率为 9.6 kb/s，信号的有效覆盖范围在室内是 30 米，室外可超过 100 米，适合于窄带宽应用场合。

Z-Wave 最初是由丹麦公司 Zensys 于 1999 年设计的，作为一种简单、经济、通用的替代家用自动化系统。Z-Wave 专门用于连接智能家居设备及管理它们的智能集线器。例如，抄表、照明、家电控制、接入控制、防盗及火灾检测等。Z-Wave 可将独立的设备转换为智能网络设备，从而可以实现控制和无线监测。

使用 Z-Wave 的所有产品必须经过独立测试和认证才能协同工作，这确保了所有 Z-Wave 设备，无论是谁制造的，都可以从一个地方进行控制，因此，当你离开家的时候，你可以用一个单一的程序同时设置照明、供暖和安全。Z-Wave 认证也保证了一定的安全标准，它的 S2 安全框架采用 128 位 AES 加密和反入侵措施，拥有旨在防范黑客和隐私侵犯的先进功能。

Z-Wave 所用频段在我国是非民用的，国内并不常见 Z-Wave 智能家居，更多的还是应用在国外。Z-Wave 缺乏国际标准为其依靠，应用上也仅止于家庭自动化，不同于 ZigBee 能同时运用于医疗、安全等多个领域。

Z-Wave 和 ZigBee 都是基于无线射频发展出来的技术，属于硬件架构跟协议上的技术。智能家居系统最为重视的是稳定性、灵活性与安全性，可以说 ZigBee 和 Z-Wave 技术是因应而生的，有着灵活的组网方式、智能联网修复、互为中继、低功耗、低成本等特性。在实践中，Z-Wave 和 ZigBee 非常相似，但也存在一些显著的差异。ZigBee 与 WiFi 和蓝牙网络使用相同的 2.4 GHz 无线频段，这可能会导致干扰问题。相比之下，Z-Wave 接收和传输频率要低得多——欧洲为 868.42 MHz、美洲为 908.42 MHz，这有助于 Z-Wave 处理比 Zigbee 更长的设备间距离。不过，Z-Wave 协议支持网络上最多 232 个设备，而 ZigBee 可以支持数千个设备。与 WiFi 或普通蓝牙相比，Z-Wave 耗电量要少得多，但仍然可以在一个大小合适的房子中连接设备。

三、易能森

易能森 (EnOcean) 无线标准 ISO/IEC14543—3—10 使用 868MHz 和 315MHz 频段，发射功率符合中国无线电委员会限制要求，无须申请即可使用。每个无线电信号占用信道的时间是 1 毫秒，传输速率 125 kb/s。此外，为避免传输错误，每个无电线信号都会在 30 毫秒内随机的重复两次。数据在随机间隔中传递，因此极少产生数据传输冲突的情况。易能森传感器的数据传输距离在室外是 300 米，室内为 30 米。作为开放协议，易能森无线技术可并入使用 TCP/IP、WiFi、GSM、Modbus KNX、Dali、BACnet 或 LON 等系统。

易能森拥有三大核心技术：一是能量采集和转换。易能森的能量采集模块能够采集周围环境产生的能量，如机械能、室内的光能、温度差的能量等。这些能量经过处理以后，用来供给易能森超低功耗的无线通信模块，实现无数据线、无电源线、无电池的通信系统。二是高质量的无线通信。源于西门子的无线通信技术，仅仅用采集的能量来驱动低功耗的芯片组，实现高质量的无线通信技术。在保证通信距离的同时还具有超强的抗干扰能力，通过重复发送多个信号及加密功能，保证整个通信系统的稳定性、安全性。三是超低功耗的芯片组。易能森技术功耗低，传输距离远，可以组网并且支持中继等功能。

四、蓝牙

蓝牙是一种基于 2.4 GHz 频段的、短距离通信技术，通过蓝牙技术，可以将原本没有联网能力的设备间接地连入互联网，常见于电话、平板电脑、媒体播放器、机器人系统、手持设备、笔记本电脑、打印机、数码相机、游戏手柄，以及一些高音质耳机、调制解调器、手表等。

蓝牙主设备最多可与一个微微网（一个采用蓝牙技术的临时计算机网络）中的 7 个设备通信，当然并不是所有设备都能够达到这一最大量。设备之间可通过协议转换角色，从设备也可转换为主设备。

蓝牙技术始于爱立信公司的 1994 方案，它是研究在移动电话和其他配件间进行低功耗、低成本无线通信连接的方法。发明者希望为设备间的通信创造一组统一规则（标准化协议），以解决用户间互不兼容的移动电子设备。

1998 年 5 月，爱立信、诺基亚、东芝、IBM 和英特尔公司等 5 家著名厂商，在联合开展短程无线通信技术的标准化活动时提出了蓝牙技术。第二年，这 5 家厂商成立了蓝牙"特别兴趣组"（Special Interest Group，SIG），即蓝牙技术联盟的前身，以使蓝牙技术能够成为未来的无线通信标准。Intel 公司负责半导体芯片和传输软件的开发，爱立信负责无线射频和移动电话软件的开发，IBM 和东芝负责笔记本电脑接口规格的开发。与此同时，移动设备制造商也参与进来，微软、摩托罗拉、三星、朗讯与蓝牙特别小组的 5 家公司共同发起成立了蓝牙技术推广组织，从而在全球范围内掀起了一股"蓝牙"热潮。到 2000 年 4 月，SIG 的成员数已超过 1500 个，其成长速度超过任何其他的无线联盟。这些公司联合开发了蓝牙 1.0 标准，并于 1999 年 7 月公布。蓝牙标准包括两个文件：基础核心协议提供设计标准，基础应用规范提供互操作性准则。

蓝牙标准经历了如下发展阶段。

蓝牙 1.1 标准，传输率在 748 ～ 810 kb/s。

蓝牙 1.2 标准同样是只有 748 ～ 810 kb/s 的传输率，但增加了抗干扰跳频功能。

蓝牙 2.0 标准是 1.2 标准的改良提升版，传输率约在 1.8 ～ 2.1 M/s，开始支持双工模式，既可以作语音通信，同时也可以传输档案 / 高质素图片。

蓝牙 2.1 标准和 2.0 标准是同时代产品，相对 2.0 版本主要是提高了待机时间 2 倍以上，技术标准没有根本性变化。

蓝牙 3.0 标准于 2009 年 4 月 21 日发布，数据传输率提高到了大约 24 Mbps。在传输速度上，蓝牙 3.0 是蓝牙 2.0 的 8 倍，可以轻松用于录像机至高清电视、PC 至 PMP、UMPC 至打印机之间的资料传输，但是需要双方都达到此标准才能实现功能。

蓝牙 4.0 标准于 2010 年 7 月 7 日发布，最大意义在于低功耗，同时加强不同 OEM 厂商之间的设备兼容性，并且降低延迟，理论最高传输速度依然为 24Mbps，有效覆盖范围扩大到 100 米（之前的版本为 10 米）。该标准提出了"低功耗蓝牙"、"传统蓝牙"和"高速蓝牙" 3 种模式，其中，高速蓝牙主攻数据交换与传输，传统蓝牙则以信息沟通、设备连接为重点；低功耗蓝牙以不需占用太多带宽的设备连接为主。

蓝牙 4.1 标准于 2013 年 12 月 6 日发布，提升了连接速度并且更加智能化。例如，减少了设备之间重新连接的时间，用户如果走出了蓝牙 4.1 的信号范围并且断开连接的时间不算很长，当用户再次回到信号范围中之后设备将自动连接，反应时间要比蓝牙 4.0 更短。如果用户连接的设备非常多，如连接了多部可穿戴设备，彼此之间的信息都能即时发送到接收设备上。

蓝牙 4.2 标准于 2014 年 12 月 4 日发布，改善了数据传输速度和隐私保护程度，可使设备直接通过 IPv6 和 6LoWPAN 接入互联网。在蓝牙 4.2 标准下，蓝牙信号想要连接或者追踪用户设备时必须经过用户许可，否则蓝牙信号将无法连接和追踪用户设备。

五、WiFi

WiFi 是一个创建于 IEEE 802.11 标准的无线局域网技术，在无线路由器电波覆盖的有效范围都可以采用 WiFi 连接方式进行联网，如果无线路由器连接了一条 ADSL 线路或者别的上网线路，则又被称为热点。与蓝牙技术一样，同属于在办公室和家庭中使用的短距离无线技术。WiFi 是通过无线电波来联网，传输速度非常快，优势在于不需要布线，发射信号功率低于手机发射功率。

WiFi 联盟成立于 1999 年，当时的名称叫作 Wireless Ethernet Compatibility Alliance（WECA）。在 2002 年 10 月，正式改名为 WiFi Alliance。

蓝牙和 WiFi（使用 IEEE 802.11 标准的产品的品牌名称）有些类似的应用：设置网络、打印或传输文件。WiFi 主要是用于替代工作场所一般局域网接入中使用的高速线缆的，这类应用有时也称作无线局域网（WLAN）。蓝牙主要是用于便携式设备及其应用的，这类应用也被称作无线个人域网（WPAN）。蓝牙可以替代很多应用场景中的便携式设备的线缆，能够应用于一些固定场所，如智能家居的恒温器等。

WiFi 和蓝牙的应用在某种程度上是互补的。WiFi 通常以接入点为中心，通过接入点与路由网络形成非对称的客户机—服务器连接，而蓝牙通常是两个蓝牙设备间的对称连接。蓝牙适用于两个设备通过最简单的配置进行连接的简单应用，如耳机和遥控器的按钮，而 WiFi 更适用于一些能够进行稍复杂的客户端设置和需要高速的应用中，尤其像通过存取节点接入网络。

六、其他无线协议

1. HiLink

华为 HiLink 连接协议是智能设备之间的"普通话"。它可以快速接入、简单易用、安全可靠、兼容多协议、SDK 开放。华为将 Huawei HiLink 连接协议和 Huawei LiteOS 物联网操作系统称为与伙伴共享的两大核心能力。

2. Allseen（Alljoyn）

AllSeen 联盟以高通所开发的开放源始码平台 AllJoyn 为基础，开发出 AllSeen 技术，主要用于近距离无线传输，能让硬件设备通过 AllSeen 协议，经过 WiFi、电线或是以太网络联结达到可被控制的目标，进而于日常生活中实践智能家居的理念。

3. Weave/Thread

Weave 是一个低功耗、低带宽、低延迟、安全的设备间通信协议，该协议最初由 Nest 公司开发并被使用在他们自己的设备上。尽管这个协议目前仍在专利保护期内，但 Nest 仍然将它开放给全世界的开发者，让他们免费使用并提供反馈。Thread 是三星、Nest、ARM 联手推出了一种新的协议，可支持 250 个以上设备同时联网，能够覆盖到家中所有的灯泡、开关、传感器和智能设备。

4. IoTivity

IoTivity 是一个开源的软件框架，用于无缝支持设备到设备的互联，主要为了满足物联网开发的需要，构建物联网的生态系统，使得设备和设备之间可以安全可靠地连接。IoTivity 是 Intel 和三星牵头的一个开源项目，目的是建立统一的物联网设备连接标准。

5. OpenIoT

OpenIoT 是一个用于合并互联网和云计算的开源解决方案，提供一个开源的中间件框架，使应用程序在云环境中可以实现自我管理。OpenIoT 中间件框架将使得物联网应用程序的交付变得自动化，可以适应云基础设施。

第五章

智能家居应用中的若干问题

　　智能家居设备品类多，使用场景复杂，随着大众家庭中智能设备数量的持续增加，针对智能设备的网络攻击事件比例呈上升趋势，安全威胁的风险也日益提升。智能家居中存在的安全风险种类繁多，常见的有：数据传输未加密或简单加密，导致用户信息泄漏，如传输到云端的数据被截取、复制；客户端 APP 未安全检测，相关代码存在漏洞缺陷，如通过漏洞取走用户的账户、密码等；硬件设备存在调试接口，使用有安全漏洞的操作系统，如入侵设备、劫持设备应用；远程控制命令缺乏加固授权，存在非法入侵、劫持应用的风险，如摄像头被非法入侵使用。

一、网络安全风险增加

　　为了方便人们对智能家居的使用，让人们随时监控操作家中得智能化产品，大多智能家居产品都是通过云端远程发送控制命令来实现人们对智能家居产品的控制。而这种方便的手段缺乏安全防御措施，可能就会给智能家居带来巨大的风险。

智能设备多通过家中路由器与外界联网，而许多用户容易忽略路由器的安全防护，黑客可借助设备或网络系统漏洞，随意入侵各种联网设备，从而导致信息安全高风险。

数字家庭中常用的路由器、网络摄影机等，多为共同使用设备，为方便使用管理，用户少有勤换密码的习惯，黑客抓住此类网络设备的设定特性伺机而入。

二、个人信息泄露风险

智能家居设备虽然能带来便捷舒适的生活体验，但其背后的个人隐私泄露、生命财产利益遭威胁等安全警报也不容忽视。理论上讲，我们越多地应用智能技术，隐私就越容易存在被侵犯的可能。从法律角度看，智能家居设备被破解，导致用户的信息被分享售卖，主要是侵害了用户的隐私权。

根据媒体爆料，只需支付一定费用，就能获得可以播放家庭摄像头摄制内容的软件，输入相应 IP 地址、登录名和密码，就能成功登入摄像头，远程查看实时监控画面，甚至可以对画面进行放大缩小。

2017 年 7 月，北京警方破获全国首例网上传播家庭摄像头破解软件案，打掉一条犯罪链条，抓获涉案人员 24 名。涉案人员非法购买摄像头破解软件，破解网络摄像头 IP，观看保存或贩卖摄像头拍摄的内容。

目前，所有的智能硬件基本都需要通过手机 APP 来完成操作，如果手机本身存在漏洞，那 APP 本身也很难保护自己。除了漏洞，还有手机防盗也非常重要。一旦手机被偷，就意味着使用智能家居的用户家庭安全敞开的风险，隐私也极易被侵犯。

智能家居认证机制是隐私保护首当其冲的薄弱环节，用户认证是用户向系统出示自己身份证明的一种模式。智能家居系统在被用户使用时，要保证只有合法的用户才能存取系统中的信息，功能完善的标识与认证机制是访问控制机制有效实施的基础。

三、智能家居设备功能丧失或紊乱

智能家居设备丧失功能或者功能紊乱，将会造成家庭财产损失，也不排除有不法分子利用被恶意控制的智能家居设备，进行人身攻击和网络攻击。

例如，智能灯在房间里随意开关；智能摄像头的拍摄角度不再受用户控制；智能门锁密码也能被远程获取；被恶意控制的智能玩具，可能诱导小朋友做出打开大门、爬出阳台等危险动作；被破解的智能门锁、智能保险箱可能反而成了小偷"内应"，盗窃家庭财产，如探囊取物；智能烤箱的温度能被随意提高，最终引发火灾；智能家居还可能被控制形成大规模"僵尸网络"，攻击网络服务器，造成互联网服务大面积瘫痪。

四、风险的防御

智能家居的风险问题是个系统问题，对其防御需要技术、管理、法律法规等方面的协同。

在智能家居应用中，用户往往通过手机 APP 来发送控制请求给云端，由智能家居产品云端确认用户请求后，发送相关远程控制命令给智能产品，从而实现对智能家居产品的控制。这些被发送的远程控制命令实际上就是应用程序中常说的指令。在技术上，可对远程控制命令的认证加固与管理，这样面对有非法者试图通过劫持指令来控制应用，就可以进行彻底防御，保障智能家居用户的信息安全。

为防御智能家居安全风险，智能家居开发和生产企业需要提高安全意识，在开发过程中，不仅要关注产品功能和用户体验，而且更应该关注安全防御手段，为用户的安全风险考虑。同时，智能家居用户提高安全意识也十分重要，要主动采取必要措施来防范风险。

当然，我国相关的信息安全法律法规及智能家居行业管理机构对智能家居产品安全保驾护航，为防御智能家居安全风险提供了重要保障。《民法总则》《刑法修正案（九）》《侵权责任法》《网络安全法》等，都对公民的隐私权和个人信息保护做出了具体的规定。

五、智能家居需要解决核心问题

"家电＋屏幕"已经成为智能家电的标配，但这个标配并不一定是在解决痛点。例如，相比普通冰箱，带屏幕的智能冰箱主打远程调控、食材管理、菜谱推荐、一键下单等功能，看起来功能更加丰富和完善，但并不实用。虽然冰箱需要 24 小时不停机，但用户的需求只体现在冰箱能正常制冷，远程调控、食材管理等功能很少使用。

手机 APP＋智能单品的模式显得画蛇添足。以空调为例，普通空调可以通过遥控器来操作，智能空调可以通过手机 APP 来操作，如果是在家庭条件下，手机 APP 还存在一个打开的过程，远程操作的功能也没有多大价值和意义，因为现在的空调已经能够在短时间内实现升温／降温的功能，远程提前打开空调意义不大。智能家居产品丰富，如果把控制功能集中到手机上就会显得累赘，这样的话，智能化反而是降低生活品质，与智能家居的初衷背道而驰。

智能家居企业致力于解决用户的核心问题，并根据用户认知水平和市场发展阶段来决定开发哪些智能化功能。例如，对于智能门锁来说，锁的核心价值是安全，便捷性、高科技、智能化只是锦上添花，如果只是重智能、轻安全，那发展方向就容易走偏。在家庭场景中，守护家庭安全的智能门锁、制冷来保持食物新鲜的智能冰箱，是在解决用户的痛点；空调用来自动调节家里的温度、空气净化器用来自动改善空气湿度是在满足用户的爽点。智能家居企业要不断地研究发现家庭场景中的应用痛点和爽点，避免在伪需求上下功夫。

第五篇

如何善待消费者

AI虽然有了长足发展，但是仍有不少人会有疑问：AI与我有什么关系？其实也难怪，以机器人为例，较早的时候，机器人在垂直行业的应用比较早，在消费品领域的应用相对较晚，市场覆盖尚未铺开。

2015年，北京儒博科技有限公司推出教育机器人的时候，准备在京东、淘宝等电商平台展示销售，当时多数电商平台，如京东还没有机器人的分类，需要考虑到底是按照3C分类还是按玩具分类，在无法分清的情况下，京东从相关部门人员中抽出专人来做这个产品。

随着其他同类产品的推出，2016年年底，各个电商平台开始推出机器人分类，并在随后两年迎来了市场爆发力。随即，消费领域的智能机器人市场竞争越来越激烈，机器人公司也八仙过海，各显其能。

目前，在国内的智能家居市场，京东、阿里、百度、华为等一批互联网巨头开始搭建自家的云控制平台，家电厂商、安防企业、创业公司也都纷纷从自己的角度切入智能家居领域，再加上国际巨头的加入，相关智能产品越来越多，智能家居市场竞争呈现愈演愈烈之势。竞争越激烈，善待消费者越重要。

第一章 ◉ ● ● ● ●

智能家居消费的趋势与选购

人工智能是一种技术，假如它不跟需求结合，那将是一种纯粹的炫技。在万物智联背景下，人工智能技术将与物联网、5G 等技术结合，为消费者带来天翻地覆的变化，推动消费升级，改进消费体验。

第一节 消费趋势

我国正在出现一个新的平民化的智能家居消费市场，智能家居产品可以满足中等收入且追求时尚的消费者的心理，而且也符合他们的购买能力。因智能家居具有科技感，以及能为生活带来舒适、安全与便捷，作为购房、装修主力军的"80后""90后"群体逐步成为智能潮流的消费主体。

对于现阶段的智能家居消费者而言，不一定买高端品牌产品才能显示精致生活，而是要努力得到自己想要的精致生活空间。产品的品牌固然能起到一定效果，但由于消费者对产品品质越发熟悉，所以消费更加倾向于选择自身喜好的产品。

智能家居消费具有数字消费的特征。数字消费是指消费市场针对商品的数字内涵而发生的消费。清华大学互联网产业研究院院长朱岩认为，数字经济时代，生产单一的工业品已经不能满足市场的需要，无论是工程机械还是日用百货，都需要具备数字内涵、文化内涵。例如，具有数据采集、传输、分析功能的挖掘机，具有连接、数据采集和分析功能的家用电器、服装饰品等。当产品被赋予了这些数字性能之后，其消费模式就会发生很多改变，而这些消费方式则会给市场注入新的活力，给企业带来新的发展机会。

与现今时代的互联网消费及传统的工业消费不同，数字消费具有4个特征。

一是从功能型消费到数据型消费：市场所看重的产品已经不再只是具有某些物理功能，而是同时看重产品所能带来的数据。无论是企业还是民众都开始愿意为产品所具有的数据能力买单，从而开创了对最传统产品的数据型消费。

二是从一次性消费到持续性消费：产品的数字化提高了产品与客户交互的频次和黏度，从而与客户形成了持续性购买关系。以互联网电视为例，客户不再只是一次性购买电视，而是为电视内容持续性付费。这种持续性消费模式从根本上改变了传统工业企业的商业模式，是传统企业转型升级最需要加以考虑的部分。

三是从单一产品消费到联网型消费：具有一定功能的工业品（如炊具）在现今消费模式中只是单一产品的消费，从而缺乏产品与客户之间互动所带来的潜在价值。数字消费使得工业品具备了联网的能力（如具有蓝牙模块的炊具），从而产生了对工业品的全新消费模式，而这些消费模式是支持传统企业数字化转型升级的基础。

四是从个体消费到社群消费：工业时代的消费模式以单一个体为单位，其生产、营销等都围绕着激活个体消费市场展开。社交时代人与人之间成为网状结构，数字消费就是要针对这种网状结构形成社群型消费模式。因此，社群形成的机制也就成了促进社会与经济发展的关键。企业的产品要能够符合这种机制，便于形成和管理属于企业自身的社群。

从不同的维度来观察，会有不同的需要顾及用户的体验趋势。

1. 从场景出发

语音交互会更直观高效，更符合人本性的交互方式。如果在理想状态下，语音的输入和示意一定比触摸交互要更为快捷直接。但以目前人工智能的技术局限性是很难做到无缝交互的，所以同时也要兼顾各种容错机制，如方言语音识别的难度、不同家居环境里对于麦克风（硬件）识别的容错、噪声环境等。

因此，在技术受限的情况下，要让用户感觉到"智能"，那就必须预先设计很多"场景脚本"，去主动引导用户到达场景。

2. 家居环境下的功能

智能家居的用户体验可以分成两个部分：一是基础设施的控制；二是生活中的陪伴（服务）。基础设施的操控用语音或者触碰，核心是要把用户交互的过程和教程做到足够"小白"（不用特殊记忆或额外思考），场景和功能引导要做得很平滑。但如果只是把操控做好，这还不够，因为如果只是做操控，就变成工具属性。用户对于智能家居的认识，更多的是要智能和个性化，就如同家里有个管家一样，他能安排好家，也能照顾好人。

3. 满足不同年龄阶段的用户需求

用户在居家场景下，需求相对可以比较固定，但需要考虑不同年龄阶段人群的心智需求。例如，在家里，孩子对于设备的需求更多的是生活陪伴和内容消费（听故事儿歌），从而传递成长的知识；年轻人在家更多的是娱乐资讯的内容消费；老年人则需要生理的看护和心理的引导。

第二节　若干选购技巧

　　每个家庭对智能生活的要求不同，在购买智能家居产品之前，一定要明确自己的需求是什么，需要哪些个性化的服务。有人喜欢追求功能齐全，盲目地安装智能家居，这其实并不明智，因为有些功能是不必要的，而只会成为新鲜过后的摆设品。

　　硬件产品的选择是有一定标准和依据的，面对琳琅满目的智能家居，消费者该依据什么评价和选择智能家居呢？

一、语音交互性能的判断

　　站在技术的角度，端到端的语音交互体验要满足"远、快、准、全、深、自然"的要求。"远"是指远场识别的平均准确率够不够高、唤醒率是不是够高、误唤醒次数是不是够少。"快"是指端到端的响应速度够不够快、包括唤醒够不够快、回应答案的速度够不够快。"准"是指端到端回复的综合准确率是不是够高，指令提出后，智能家居反馈的回答是不是消费者想要的。"全"是指覆盖场景的全面性，服务和技能提供得够不够多。"深"是指是不是有多轮对话能力，是不是能够基于对话背景理解上下文并进行有效回复。"自然"是指智能家居回复的声音够不够自然，是否能够理解人们与机器之间自然的说话，机器回复的内容是否自然等。

二、智能家居控制系统的选择

　　自己喜欢的交互方式：交互方式表示的是通过何种方式完成对家

电的控制，智能家居控制系统的交互方式有很多，如手机 APP 控制家电、语音控制、手势控制。目前，市场上较多的是手机 APP 控制，如果购买的智能家居控制系统是通过手机 APP 控制，你在购买前通过手机 APP 测试一下，看是否容易上手、操控界面是否简介、设计是否美观。

兼容性强：智能家居控制系统的操作原理是通过智能家居系统的通信协议，使各个子系统相互连接，操作上能够相互控制。所以，选择智能家居控制系统时最好多测试一下，看看兼容性如何，不同品牌的智能家居是否无法完成操控。

功能强大：强大的智能家居控制系统能够完成家电控制、家庭安防与监控、家庭数字娱乐、家庭信息终端等多种功能的整合。选购智能家居控制系统前，需要对这个方面进行测试。

节能环保：部分智能家居控制系统可以监控空气，实时判断家中是否漏水、漏电、漏气、失火，一方面，可以让用户及时反应过来，以面对各类情况，另一方面，可以完成紧急断电、定时开关的处理，实现水、电、气的精确控制，让用户省钱又省心。智能家居控制系统是否好用、是否节能、是否拥有以上各类功能，用户在购买时，一定要进行确认，最好进行测试。

三、触控面板的选择

在颜色、质地和造型上，选择与室内设计风格相称的智能面板或触控屏，无须布线，给人感觉干净和简便。

四、智能灯光控制系统的选择

根据需求情况，要优先选择可节能、具有场景模式、可以多房子灯光定时的灯光控制系统。

可节能：传统的灯光特别是用时较长的灯特别容易耗电，接入智能灯光系统后，可以设置灯具的开关亮度、色彩，以及照明时间，做到人来灯亮、人走灯灭，除了节能也避免起夜打扰家人。

场景模式切入：如果你家拥有一栋三层别墅，当你晚归时，一层一层的开关控制面板需要好几次才能到达自己的卧室。如果设置场景模式后，你可以在进门的时候设置属于自己的晚归模式，灯光就会慢慢自动亮起，到达卧室全部自动关闭。

多房子灯光定时：有小朋友或者老人的家庭可以在手机端设置他们房间的定时关灯，做到随时随地可以检测家人的睡眠信息。

五、家庭影院系统的选择

要优先选择操作简便的影院系统。家里的老人或者小朋友在家的时候，不会因为不会操作多功能的电视而感到焦虑，手机设置好一键观影／游戏／学习模式后，只需要手指轻轻一点，便可享受视听盛宴。

第二章

消费体验第一

第一节　深刻理解应用场景

在移动互联时代，手机承载了大量应用，成为移动互联网的最重要入口。厂商总是不甘心的，总想寻找新的、更好的应用入口，以便创造新的市场。在手机之外，厂商把目光扫向了家庭交互端，瞄准了家庭应用。

具有强语音交互功能的家用机器人只要通电联网，就可以随时应用，并可以获得从服务商后台推送的各种服务，是理想的入口。

如何运用好这个应用入口？重要的就是要深刻认识和理解家庭应用场景，找寻并分析不同场景的应用需求，开发相应的服务项目。而对于应用场景和服务需求的理解，将直接关系到产品的开发设计和发展路线。

以儒博教育机器人为例（图5-1）。在家里逗小孩儿玩乐是个普遍的场景，儒博教育机器人对于这个场景的服务要求是，研发团队要加强机器人主动识别和逗乐小孩儿的主动交互功能，通过对机器人软件系统编程逻辑的设置，当机器人监测到小孩儿通过时，主动跟小孩儿打招呼，并将小孩儿带入对话逗乐之中，在与其交互过程中传递教育内容。

对家庭场景的理解差一厘，所提
出的相应产品方案和用户应用体验可
能将差千里。针对不同场景的集成服
务和个性化服务成为儒博开发产品的
选择。例如，在对孩子的习惯培养上，
机器人率先开发了"家长小助手"功
能，用角色扮演的方式，让家长可以
通过 APP 输入文字内容，进而扮演
机器人，机器人会用它的声调语气说
出"小主人我特别喜欢吃青菜，你也
加油"等内容。另外，通过摄像头的

**图 5-1　儒博 ROOBO "布丁豆豆"
智能儿童机器人**

人脸捕捉和算法，如果夜里比较晚时小朋友还在继续玩耍，机器人会
主动提醒"小主人好晚了，你和我一起休息吧"。类似这些功能都是
围绕用户的使用场景、行为方式和心智特点而设计的。

第二节　把机器人的生命力做出来

用户购买家用机器人，用的并不只是硬件产品，更重要的是其中
的软件和服务。基于此，儒博公司提出，机器人是可运营的，通过做
好服务和内容运营，可以让机器人将用户带入特定场景，通过与人的
交互，推进相应的服务不断按逻辑延展，甚至通过后台系统的驱动，
机器人可以更加人性化地"应时而动"，在春节的时候讲述春节的故事，
在植树节的时候讲述植树的故事。

儒博公司对研发团队的要求是，把机器人的生命力做出来，机器
人不需要带胳膊带腿，但必须要从形态上展现出生命力。

直观来说，机器人不在于是否有胳膊有腿，只要能动、能眨眼就行，

只要是活的就行。研发团队巧用舵机这种传动装置，结合特定的算法，让机器人时不时地左右扭摆，再结合屏幕上两个眨巴眼睛的小设计，看起来就像机器人时不时要寻找主人说话。

第三节　用互联网思维不断迭代应用体验

不同的应用场景会有不同的体验要求，远程控制、一键场景、智能联动、安全、舒适、节能、便捷、轻应用、无缝连接等词汇成为体验视角下所追求的目标。

腾讯房产认为，绝不可忽视智能家居的消费体验，并且在产品研发环节一开始就要贯彻消费体验的要求。作为具有互联网企业发展基因的腾讯房产，始终强调采取用户调研、用户反馈、快速迭代等消费市场的运作方法，形成了以消费体验为导向的产品方法论，可以概括为 5 个方面：找准用户群和细分市场，大胆设想，积极调研；天下武功，唯快不破，要敏捷开发，快速试错；产品不能一蹴而就，要在不断的小步快破中，根据用户反馈与市场反应，快速迭代产品，不断调整；重视体验，把自己当成小白用户，从专业技术中跳出来，使用自己的产品，发现问题并解决问题，不给用户设置门槛；大道至简，坚信好的产品自己会说话，在各个智能家居厂商之间缺乏统一标准之际，腾讯房产通过开放平台衔接不同厂家智能家居产品的做法，正是对消费体验的响应。

在技术进步的催动下，消费体验的需求也将会不断变化。未来的智能家居将让人们对"智能"越来越无感化，人们只是过正常的新型生活，而不会强调"这是智能的"；未来的家庭将不仅是住的地方，而是会因智能家居而成为数据中心，进行数据采集和处理；智能家居将从"单品＋云"的发展模式转向由边缘计算等技术带来的单品智能模式。

第三章

设计创造美的享受

这是一个讲究颜值的时代，智能家居的颜值非常重要，要在设计上下很大功夫。

第一节　美学设计与软件设计都是为了实用

少即是多，这是在设计界流行的理念。"少"并不是没有，而是各个细节精简到不能再精简的境界，可以给观者以高贵、雅致的美感。

小米在设计上追求极简风格，认为极简是硬件设计的大趋势，极简不仅有利于普适，方便用户，也有利于保证后期的生产效率，更能让风格一致，符合美学。

在极简思路下，凡是可做可不做的，一定不做。小米生态链谷仓学院在《小米生态链战地笔记》里介绍了小米扫地机器人研发背后的极简思路。

很多国产扫地机器人都有一个拖地的功能，就是在机器的后面加一块拖布。没用过扫地机器人的用户，觉得一个机器人既可以扫地又可以擦地，一机两用，很划算。但买回去后，并不好用，反而多了一个麻烦：需要经常洗拖布。

在小米看来，拖地功能只是一个噱头，因为扫地机器人的重心在前面，这块布在后面，重力较小，只是在地面上轻轻划过，把地面打湿，根本起不到拖地的功能，只能是诱导消费，并不实用。这是按照消费者的心理感受去设计的，设计的初衷并不是产品本身，而是消费者更容易被什么诱导而去消费。

由于认为扫地机器人这个品类的产品里没用的噱头太多，小米在决定做扫地机器人的时候，对产品的定义非常明确：凡是与能把地扫好的功能就做，凡是与扫地无关的，一律不做。

这样定义产品的出发点就是尽可能不让用户干预，让用户用起来省心。这不仅涉及美学设计和对实用功能的追求，也涉及很多公司没能做到的大量的软件设计。

归纳下来，小米把扫地机器人归纳为 4 个特性：一是清扫能力强，机器人扫过的地方，一次性清扫干净；二是覆盖面要广，争取把用户家里的每一个角落都扫到；三是扫得快，效率要高；四是用起来要省心，老人、小孩都可以轻松操作。

这 4 个特性的目的只有一个：做出一个扫地扫得非常好的机器人。扫得干净，其实并不是一个可以轻松实现的要求，主要依靠由风机、风道和主刷构成的清洁系统来完成。刷子的形状和刷毛的粗细、风道开口的大小，都会影响清扫的效果。最难的是风道的设计，影响因素太多，完全靠理论计算是算不出来的。基于一定的理论，小米设计并打了 100 多组样，一个一个地试，才找到理想的模型。

消费者购买智能设备，买的不仅是硬件产品，更是其中的软件和服务，软件设计也是至关重要的。覆盖面广，主要是软件的问题。以前市场的机器多是碰撞式的，扫地时没规划，有的地方反复扫，有的地方总是扫不到。小米采取了软件规划路径的算法，用了 26 个月设计这个软件，把机器人放到各种复杂的家庭环境中去仿真，不断测试、不断调整。

机器人在扫地的时候，会有很多动作的切换，动作如果不连贯，就会影响扫地效率。为了让这些动作能如行云流水般顺畅，不出现卡顿现象，小米在软件上做了很多设计，让机器人走到一个地方，不用思考就可以继续进行调整了。

小米现在还不能做到让用户零干预，但是那些去掉的噱头，与扫地机器人何干？综合运用各种设计，把扫地机器人做得纯粹，围绕核心功能进行攻关突破，反倒让其在众多扫地机器人中显得更加实用、好用。

第二节　站在用户的角度创意设计

工业设计一直是消费品市场竞争力的核心要素之一，家用机器人也不例外。正所谓细节是魔鬼，对于消费品来说，越是细节，越是能体现设计的功力和以消费者为本的理念。

儒博公司在家用机器人创意设计上，在功能、性能方面下的功夫不少。经过充分调研和对用户深入理解，他们团队给出的答案是：既然机器人是给小朋友用，那么就要从孩子的角度思考，站在孩子的心智上设计。因此，他们摒弃了机器人就是黑白灰颜色这种成年人的认知，在产品上运用了绿色设计。

另外，他们还考虑了小朋友好动、家长注意安全的行为特点，设计了用充电板代替传统类似手机插电的方式，保证了孩子可随时抱走玩耍。研发团队对于此功能的一个更为有趣的设计初衷是，他们把充电板设计成了一个机器人"影子"的形态，结合"充电＋归位"的理念，让家长可以告诉孩子，"人都有影子，机器人也有影子，不能让他们分开"，这类似于人们教育孩子"从哪里拿的东西再放回哪里"的归位教育。

考虑到机器人是给孩子用的，他们在整个硬件设备上没有设计任何棱角，全部采用弧形设计，呈现圆润的质感；考虑到家长对于电子产品屏幕伤眼睛的担忧，他们在软件上做了玩耍时间的限制，家长可以控制孩子跟机器人玩耍操作的时间。除此之外，研发团队额外增加一些成本，给机器人屏幕贴上更为护眼的防蓝光钢化膜，再一次保护孩子的视力，并且避免出现摔碎屏幕的意外情况。

附录

中华人民共和国国家标准

GB/T 28219—2018

代替 GB/T 28219—2011

智能家用电器通用技术要求

General technology requirements for intelligent household appliances

引言

智能家电、智能家电系统和智能家居应能为用户带来新的感受和体验，这种新的感受和体验，是用户在使用非智能产品时不可能或难以获得的。

智能家电、智能家电系统和智能家居应使用户更加省心、省时、省力、节省成本的达到某些目的，或代替人类完成某些不易完成或不可能完成的任务。

出于对产业发展阶段的考虑，对智能家电、智能家电系统和智能家居，仅从安全、互联／互操作、统筹布局、智能化能力、智能化功能效果、标识与说明等诸方面提出了要求和给出相应的评价方法指南。

同样，出于产业发展阶段的考虑，对智能家电、智能家电系统和智能家居的智能化程度，仅从智能化能力和智能化功能效果两个方面提出要求和给出相应的评价方法指南。

对智能化能力的要求及其评价，则围绕感知、决策、执行、学习四个特征进行；对智能化功能效果的要求及其评价，则围绕用户、家居、厂商三个方面的需求的支持／管理进行。

用户需求支持／管理要求是以人的感受、体验为对象提出的。

家居需求支持／管理要求是以住宅环境、住宅内设施为对象提出的，但家居需求支持／管理的效果最终是以人的感受、体验来体现的。

厂商需求支持／管理要求是以厂商为对象提出的，目的是体现厂商通过智能化技术的应用，在为市场和用户提供产品和服务以及经营等方面获得的改善、提升。

也同样出于产业发展阶段的考虑，在所列智能家电、智能家电系统和智能家居需求支持管理的功能范围内，选择实用性、便捷性、舒适性和实在性作为智能化功能效果的评价维度。

本标准是智能家用电器标准系列中的通用技术要求，与同一系列中的其他同为基础性和通用性的标准构成彼此支撑或与同一标准系列中的某一特殊技术要求标准结合使用从而构成对某一特定标准化对象（技术、产品、服务等）的完整的标准内容，而在某一特殊技术要求标准中，结合所调整的标准化对象的特点，需要对"通用技术要求"中的相应内容进行补充、细化和修改。

对应于具体的智能家电、智能家电系统和智能家居的特殊技术要求标准中相应的评价维度和评价方法，在遵循本标准规定的范围内和原则下进一步加以完善和细化。

智能家用电器通用技术要求

1 范围

本标准规定了家用和类似用途智能家用电器、智能家用电器系统／智能家居的术语和定义、通用技术要求及评价方法指南。

本标准适用于家用和类似用途智能家用电器、智能家用电器系统／智能家居的设计、集成、识别与评价。

不打算作为一般家用，但对公众仍可构成危险或具有类似使用环境、条件的智能家电，如打算在商店中、在轻工行业及在农场中由非专业人员使用的智能家电，也在本标准范围之内。

注：适用于本标准的产品还包括：

——家用和类似用途智能服务机器人；

——家用和类似用途可穿戴智能设备；

——应用了网络技术的家用电器等。

2 规范性引用文件

下列文件对于本文件的应用是必不可少的。凡是注日期的引用文件，仅注日期版本适用于本文件。凡是不注日期的引用文件，其最新版本（包括所有的修订单）适用于本文件。

GB 4706（所有部分） 家用和类似用途电器的安全

GB/T 5296.2 消费品使用说明 第2部分：家用和类似用途电器

3 术语和定义

下列术语和定义适用于本文件。

3.1 智能 intelligence

具有人类或类似人类智慧特征的能力。

注：人类或类似人类的智慧特征，表现为在实现某个目的的过程中，

总会经历一个或多个的感知、决策、执行的过程或过程循环，并在其中通过不断学习，提高自身实现目的的能力和实现目的的效率与效果；本标准认为，在体现人类或类似人类的智慧特征上，感知、决策、执行和在其中的学习的各项能力和过程具有不可或缺性。

3.2 感知 perception

接收并转换信息的能力和过程。

3.3 决策 decision making

对输入的信息进行处理并作出判断与决定的能力和过程。

3.4 执行 implement

将决策结果付诸实施的能力和过程。

3.5 学习 studing

吸收知识、经验、教训，以实现自适应、自调节的能力和过程。

注 1：学习的过程包括发现学习对象、确定学习方法、展开学习过程（包括信息获取与利用、计算、信息记忆和存储）、输出学习结果。

注 2：学习的结果可使上述感知、决策、执行的能力得到提高，并能适应预期或非预期条件的变化；或可使上述各过程的效率与效果获得提高。

3.6 智能化技术 intelligent technologies

使产品或事物具备人类或类似人类智慧特征的技术或技术解决方案。

注 1：智能化技术也可称为人工智能技术、人工智慧技术等。

注 2：智能化技术综合了现代通信与信息技术、计算机技术、软件技术、网络技术、控制技术、测量技术、音视频技术、机电技术及其他领域（包括边缘领域）的软硬件技术的部分或全部内容。

3.7 智能化能力 intelligent ability

应用了智能化技术而使过程或产品具备的与智能化技术相对应的

能力。

注 1：智能化能力也包括能力实现的过程。

注 2：智能化能力应用于具体产品上，则体现为该产品的智能化功能。

3.8　智能家用电器 intelligent household appliances

应用了智能化技术或具有了智能化能力／功能的家用和类似用途电器。

注：智能家用电器可简称智能家电，也可称为智慧家电、人工智能家电等。

3.9　智能家用电器系统 intelligent household appliances system

至少包含一个智能家电的多组件构成的系统。

注 1：智能家用电器系统可简称为智能家电系统。

注 2：智能家电系统中的智能家电和其他组件，在特定协议和规则框架下协同工作并实现某些功能。

3.10　智能家居 intelligent home

建立在住宅基础上的，基于人们对家居生活的安全性、实用性、便捷性、舒适性、环保节能等更高的综合需求，由一个或一个以上智能家电系统组成的家居设施及其管理系统。

注：智能家居也可称为智慧家居、智慧家庭，智能家庭等。

3.11　组件 component

对智能家电系统中各个独立部分的统称。

注 1：智能家电系统的组件，包括但不限于智能家电、其他智能电器、服务平台、控制／管理终端（包括所使用的软件系统），以及非智能的家电、其他非智能电器等。

注 2：路由器、网关、独立存在的传感器、独立存在的控制终端等是智能或非智能的其他电器的例子。

3.12 服务平台 service platform

为智能家电、智能家电系统和智能家居提供服务的系统。

3.13 互联／互操作 interconnection and interoperability

在特定协议和规则框架下，人、物、环境、服务平台之间的联系、通信的能力与过程、相互发送或接受指令、相互协同工作或执行指令的能力与过程。

注 1：物包含构成智能家电系统和智能家居的除服务平台外的各类组件。

注 2：人包含使用、运营智能家电系统和智能家居的用户和厂商。

3.14 敏感性数据 sensitive data

一旦遭到泄露或修改，会对智能家电、智能家电系统和智能家居及其用户隐私、（厂商的）商业利益造成损失的数据信息。

注：所涉及的敏感性数据包括但不限于：用户的身份证号码、家庭住址、用户名、密码、家庭成员信息、相关产品的注册信息、运行状态、行为轨迹或规律及厂商需要保密的技术与商业信息等。

3.15 智能指数 intelligent index

对智能家电、智能家电系统或智能家居的智能化程度高低的一种表述和度量。

4 要求

4.1 安全要求

4.1.1 电器安全

4.1.1.1 智能家电的电器安全

智能家电在满足 GB 4706.1 及相应的特殊要求的基础上，还应满足以下要求：

a）对于有人看管的智能家电，应有防止连接外部控制装置而使其（有人看管的）属性发生改变的措施，包括通过网络操作使其（有人看管的）属性发生改变的措施；

b）智能家电应有识别和提示所收到的可能造成人身伤害、财产与环境损害的工作指令的措施，以及在未得到进一步确认情况下不执行该指令的措施；

c）智能家电应有识别和提示非指定来源的指令的措施，以及在未得到进一步确认情况下不执行该指令的措施；

d）智能家电应有识别和处理所收到的不完整指令、错误指令的措施；

e）智能家电应有在工作状态（方式、形态）、动作状态（幅度、力度、路径、轨迹）等改变的情况下和供电中止、物理性阻隔、程序故障等意外情况下，确保不会造成人身、财产和环境损害的措施；

注：发生上述损害的例子包括可行走服务机器人因物理障碍跌倒而伤人或带有机械臂的机器人因程序故障使动作幅度过大而伤人；可穿戴的颈部按摩器因程序故障导致穿戴者窒息等。

f）智能家电上的各类物理型接口，应能防止误连接而导致危险发生的措施。

智能家电上存在的不在 GB 4706.1 调整范围的部分，应符合其相应的安全标准要求。

4.1.1.2　智能家电系统和智能家居的电器安全

智能家电系统和智能家居，应确保：

a）其中的智能家电，应满足4.1.1.1的要求；

b）其中的不在 GB 4706.1 调整范围的组件，应符合其相应的安全标准要求；

c）不会因各组件的集成而发生新的危险（如在布线、接口、安装位置、电磁干扰等方面发生新的危险）；

d）不会因互联／互操作等功能的存在，而发生新的危险；

e）不会因相互之间的影响或其他意外，而使协同工作的组件发生新的危险；

f）不会因其功能彼此相抵触，而相关组件发生新的危险。

注：如空调器制冷功能和室内加热器的取暖功能就是功能彼此相抵触的例子。

4.1.2　信息安全

应用于智能家电、智能家电系统和智能家居的网络技术方案（如制式、协议、软件等）及其服务，应使其：

a）符合相关信息安全的国家标准要求；

b）在得到明确授权时才能采集、传输和保存相关信息并确保其信息安全，包括不被错用、滥用和泄露；不采集、传输和保存非授权的敏感性数据；

c）不使 4.1.1 的符合性受到破坏。

4.1.3　电磁兼容

智能家电、智能家电系统和智能家居中的组件，不应因智能化技术的应用而使其电磁兼容特性不符合相关标准要求。

智能家电系统和智能家居的解决方案，应有因若干组件的集成而使相关组件的电磁兼容特性不符合相关标准的防范措施。

4.2　互联／互操作要求

4.2.1　可实现性

用于互联的各类物理性接口应使用户能准确地识别并正确完成所需要的连接。

支持互联／互操作的组件应有符合相关规范的可识别性，以便被其他组件识别并建立组件间的通信联系。

实现互联／互操作的解决方案应能使用户通过单一控制终端和尽可能少的控制系统，实现对所使用的不同厂商的组件进行操作。

注1：具有相同控制功能的多个控制终端，仍认为是单一控制终端（如具有相同控制功能的用于在移动中操作的手机端和在居家条件下操作的平板电脑等）。

支持互联／互操作的服务平台应提供一种可与其他服务平台互联互通的解决方案，以使用户能够通过某一服务平台即可获得其他服务平台的服务。

注2：其他服务平台，包括不同厂商的服务平台和公共服务平台。

4.2.2　法规符合性

实现互联／互操作的通信技术方案应符合相关法律法规和技术标准。

4.3　统筹布局要求

对于智能家居及其中的各组件：

a）应能对所包含的所有组件的运行进行协调管理，以使：

——总的用电负荷在住宅供电系统能承受的规定范围之内；

——各组件不会在其功能彼此相抵触的情况下运行。

b）需要无线网络支持的组件，应将其安装于网络信号质量不影响正常通信的区域内；

c）各类连接导线的布设应符合相应的国家或行业标准。

4.4　智能化能力要求

智能家电、智能家电系统和智能家居应有与其智能化技术的应用相对应的感知、决策、执行和学习能力。

注：对于智能家电，这些能力可应用于器具本体中或之外，对于智能家电系统和智能家居，这些能力可应用于／存在于不同的组件中。

4.5　智能化功能的效果要求

4.5.1　通用要求

智能家电、智能家电系统和智能家居应有与其智能化技术的应用相对应的智能化功能并实现其效果。

注：对于智能家电，这些功能可体现在器具本体中或之外；对于智能家电系统和智能家居，这些功能可分布于不同的组件中。

智能家电、智能家电系统和智能家居应在用户需求支持／管理和家居需求支持／管理及厂商需求支持／管理等三方面体现所具备的智能化功能的效果。

4.5.2　需求支持／管理内容

4.5.2.1　用户需求支持／管理，包括但不限于：

a）使用者的身体和心理健康需求（涉及治疗、康复、保健等身心健康需求）；

b）使用者的精神生活需求（涉及娱乐、社交、学习、健身、社区、隐私保护等精神生活需求）；

c）使用者的行为辅助需求（涉及正常人及老、弱、幼、病、残等特殊人群等的行为辅助需求）；

d）使用者的物质生活需求（涉及衣、食、住、行、财等物质生活需求）。

4.5.2.2　家居需求支持／管理，包括但不限于：

a）空气质量需求；

b）室内温湿度需求；

c）环境噪声、照明／亮度需求；

d）节能和能源合理利用需求；

e）节水和水资源（包括其他资源）综合利用需求；

f）设备协调／联动运行需求；

g）设备合理利用与维护保养需求；

h）与厂商反馈信息或表达诉求的需求；

i）住宅安全需求（安保、消防等）。

4.5.2.3　厂商需求支持／管理，包括但不限于：

a）用户关怀和售后服务需求；

b）用户信息收集及管理需求；

c）设备运行状态及质量状况监控需求；

d）厂商社会责任担当需求；

e）厂商经营风险监控需求。

4.5.3 智能化功能的效果

4.5.3.1 一般要求

智能家电、智能家电系统和智能家居应在上述需求支持／管理的可实现性和实现效果上，体现所具备的智能化功能的效果。

4.5.3.2 可实现性

因应用了智能化技术，应使上述需求支持／管理得以实现或更容易实现，相应的需求得以满足或更容易满足。

4.5.3.3 实现效果

通过上述需求支持管理实现中的实用性、舒适性、便捷性等特性的提高体现其实现效果，且是非智能家电／家电系统不能或不易提高的。

4.6 标识与说明要求

4.6.1 智能家电的标识与说明

智能家电在满足 GB/T 5296.2、GB 4706 等标准的标识与说明要求的基础上，还应以适宜的方式增加以下与智能化功能相关的标识与说明：

a）对智能化能力／功能及其效果的描述；

b）对所需要的初始人工干预的方法的说明；

c）对接入网络的方法的说明；

d）对接入网络可能存在的信息安全风险的提示；

e）对不应与带有远程控制（有线或无线）功能的控制装置连接（当有禁止使用外部控制装置的需要时）的警告；

f）当需要连接其他装置或设备时，应与客服联系咨询的提示；

g）对因网络中断、供电中止、物理性阻隔等故障可能导致人身、财产、环境损害的提示及应急处置方法的说明；

h）电磁干扰可能导致智能家电功能丧失或使智能家电误动作的安全警告；

i）进行用户注册的方法说明和一旦完成用户注册，用户数据即可能被采集的提示；

j）当法规要求或用户有要求时，采集用户敏感性数据的行为应事先征得用户同意的提示；

k）对采集用户敏感性数据的类型、采集方式、使用方法与使用目的说明，并对用户做出保密和合法使用相关数据的承诺；

l）其他必要的说明、提示、警告。

4.6.2　智能家电系统、智能家居的标识与说明

除其中各个组件应满足相应标准（包括4.6.1）对标识与说明的要求外，智能家电系统和智能家居还应以适宜的方式增加以下标识或说明：

a）对其智能化功能及其效果的说明；

b）对各组件的安装、布线、连接、调试的方法说明；

c）对各组件间互联／互操作的方法及效果说明；

d）当需要连接智能家电系统和智能家居提供商非指定的其他装置或设备时，应与客服联系咨询的提示；

e）对电力负荷需求的说明；

f）其他必要的说明、提示、警告。

4.7　智能指数要求

智能家电和智能家电系统、智能家居应使用智能指数表述其智能化程度的高低。

智能家电和智能家电系统、智能家居的智能指数采用百分制表述，分数越高，表明其智能化程度越高，反之则表明其智能化程度越低。

注：智能家电、智能家电系统和智能家居的智能指数在与智能指数及其评价体系相关的其他标准中给出。

5 评价方法指南

5.1 总体要求

本标准对智能家电、智能家电系统和智能家居的评价，仅涉及因应用了智能化技术而产生的新的安全特性和功能特性。

本标准仅给出相关要求的评价指南，具体产品的特殊技术要求标准，将给出该产品的详细具体的评价方法。

在对安全特性评价结果符合本标准的前提下，方可进行其他要求符合性的评价。

对智能家电、智能家电系统和智能家居的评价，应结合试验室测试和检查、模拟安装和使用环境条件下的现场测试和检查、专业人员体验式测试和用户体验式测试等各自的特点，选择其中适宜的一种或多种方法进行。

针对本标准规定的各项要求，应分别进行评价并给出评价结论。

5.2 评价结论

5.2.1 对本标准安全要求的评价，用"符合或不符合"表述其结论。

5.2.2 对本标准性能／功能要求的评价结论：

a）当评价对象可测量（其结果可量化）时，用量化的数据表述其结论。

b）当评价对象不可测量（其结果不可量化）时，用文字或其他方式描述实际发生的现象、过程、感受及判断表述其结论。包括但不限于：

——产品厂商明示的智能化功能的真实性；

——产品厂商明示的智能化程度的符合性；

——与用户真实需求的符合性；

——与非智能化技术／产品／功能的差异性；

——产品功能所需技术的必要性和符合性。

c）智能化程度的评价结论

应根据评价过程获得的可量化和不可量化的结果，依据与智能指数及其评价体系相关的其他标准表述其结论。

5.3　安全要求的评价

对于智能家电，依据相应产品标准和本标准要求进行试验室测试和检查。

对于智能家电系统和智能家居，依据相应产品标准分别对各组件进行试验室测试，并在此基础上，依据本标准要求对集成后的系统进行模拟安装和使用环境条件下的现场测试和检查。

5.4　互联／互操作要求的评价

依据本标准要求，在模拟安装和使用环境条件下的现场测试和检查。

5.5　统筹布局要求的评价

依据本标准要求，在模拟安装和使用环境条件下的现场测试和检查。

5.6　智能化能力要求的评价

5.6.1　通则

评价维度和评价方法给出了对智能家电、智能家电系统和智能家居的感知能力、决策能力、执行能力和学习能力评价的基本思路。

评价的目的是从智能化技术应用角度表述智能家电、智能家电系统和智能家居的智能化程度的高低和不同产品之间的能力差异。

5.6.2　评价要点

5.6.2.1　感知能力评价要点

对感知能力的评价要点，包括但不限于：

a）感知对象的数量；

b）感知对象的类型；

c）感知技术的类型；

d）感知的响应速度；

e）感知的准确度和精度；

f）感知信息转换方式和速度；

g）感知信息转换的准确度和精度；

h）对非预期对象的识别和处置能力；

i）对非预期干扰因素的识别和处置能力；

j）对以上要点所体现的能力水平的自主提升。

注：温度、声音、指纹、振动、距离、肢体动作、面部表情等都是感知对象的例子。

5.6.2.2　决策能力评价要点

对决策能力的评价要点，包括但不限于：

a）决策的技术方案（如算法）；

b）决策的支持系统（如数据库的规模）；

c）决策的正确性、准确性；

d）对输入信息的接收能力；

e）对非预期输入信息的识别和处置能力；

f）对非预期干扰因素的识别和处置能力；

g）对人工辅助的依赖程度；

h）对以上要点所体现的能力水平的自主提升。

5.6.2.3 执行能力评价要点

对执行能力的评价要点，包括但不限于：

a）执行行为的类型；

b）执行行为的数量；

c）同时执行不同指令的能力；

d）执行的响应速度；

e）执行正确性和准确性；

f）执行中的自我纠偏能力；

g）对非预期输入信息的识别和处置能力；

h）对非预期干扰因素的识别和处置能力；

i）对人工辅助的依赖程度；

j）对以上要点所体现的能力水平的自主提升。

5.6.2.4 学习能力的评价要点

对学习能力的评价要点，包括但不限于：

a）学习内容的类型；

b）学习技术的类型；

c）学习的速度；

d）学习的深度；

e）学习的广度；

f）学习的方式（自主学习或人工辅助）；

g）信息记忆与存贮的速度、方式；

h）学习结果输出的方向及对其他能力的影响程度；

i）对非预期输入信息的识别和处置能力；

j）对非预期干扰因素的识别和外置能力；

k）对人工辅助的依赖程度；

l）对以上要点所体现的能力水平的自主提升。

5.6.3　评价方法

采用试验室测试和检查、模拟安装和使用环境条件下的现场测试和检查、专业人员体验式测试和用户体验式测试诸方法中，适宜的一种或多种方法相结合的方式进行评价。

根据智能家电、智能家电系统和智能家居的标识与说明的提示，从某个感知信息输入端开始，至执行输出端结束，从中发现能体现感知能力、决策能力、执行能力及学习能力的现象和过程，参照各自的评价维度进行评价。

注1：应注意到，在上述智能化能力实现过程中，感知、决策、执行和学习过程往往没有明显的物理界限，此时应以输入端和输出端为主，参照相关评价维度进行评价。

注2：应考虑到某些能力的自主提高（如自适应、自调节、自提高等）需要较长时间的情况。

5.7　智能化功能效果要求的评价

5.7.1　通则

评价方法提出了对智能家电、智能家电系统和智能家居的智能化性能／功能的效果评价的基本思路。

对智能家电、智能家电系统和智能家居的智能化功能的效果评价，围绕实用性、便捷性、舒适性和实在性等四个维度进行评价。

评价的目的是从智能化功能实现角度表述智能家电、智能家电系统和智能家居的智能化程度的高低和不同产品之间的能力差异。

注1：舒适性，是基于消费者的感官系统（视觉、嗅觉、听觉、触觉等）、心理、情感等因素而感知的产品（包括厂商提供的服务，下同）特征或能使消费者心理、生理或身体上获得愉悦或厌恶等特别感受的产品的某些功能效果的特征。

注 2：便捷性，是消费者能感受到的使消费（使用）行为简单化、人性化的设计和制造效果的产品特征；也包括相关厂商的某些目的实现的便捷。

注 3：实用性，是消费者能感受到的基于功能和性能使用效果的产品特征。

注 4：实在性，是基于消费者能感受到的产品性价比、使用经济性、耐用性、明示承诺真实性等和产品内外在技术与非技术因素（如结构、部件、材料、工艺、技术、能源利用效率、可靠性、相关标准符合性、售后服务、技术支持等）所体现出的产品特征。

5.7.2 评价要点

5.7.2.1 实用性评价要点

智能化功能：

a）种类、用途、特点；

b）与用户真实需要的符合性；

c）特性参数的先进性；

d）对需求支持／管理的内容、方法、途径的影响程度；

e）非智能化产品不能实现或难以实现性；

f）具有积极意义和符合法律法规、道德规范；

g）符合相应客观规律和社会发展趋势；

h）给使用者带来良好感受和体验。

5.7.2.2 便捷性评价要点

智能化功能：

a）在便捷性方面的特点、意义；

b）与人尤其是与有特殊需求的人的行为规律和思维模式的符合性；

c）降低需求支持／管理的难度、成本、风险；

d）非智能化产品不能实现或难以实现性；

e）具有积极意义和符合法律法规、道德规范；

f）符合相应客观规律和社会发展趋势；

g）给使用者带来良好感受和体验。

5.7.2.3　舒适性评价要点

智能化功能：

a）对使用者心理和身体的影响程度；

b）对使用者生活、工作和其他行为质量的影响程度；

c）非智能化产品不能实现或难以实现性；

d）具有积极意义和符合法律法规、道德规范；

e）符合相应客观规律和社会发展趋势。

5.7.2.4　实在性评价要点

智能化功能：

a）对产品性价比、使用经济性、耐用性提升的影响程度；

b）相关明示承诺的真实性；

c）科学理论依据的真实性和针对性；

d）相关技术应用的真实性和必要性；

e）与相关标准的符合性；

f）对产品内在技术因素（如结构、部件、材料、工艺，技术，能源利用效率、可靠性）影响的程度；

g）对产品外在非技术因素（售后服务、技术支持等）的影响程度。

5.7.3　评价方法

对智能化功能效果的评价，以智能家电、智能家电系统和智能家居所明示的智能化功能为线索，逐一进行评价。

对实用性、实在性的评价，优先选择试验室测试和检查、模拟安装和使用环境条件下的现场测试和检查、专业人员体验式测试的方式进行。

对舒适性的评价，便捷性的评价，优先选择模拟安装和使用环境条件下的现场测试和检查、专业人员体验式测试和用户体验式测试的方式进行。

注 1：应注意到，上述四个评价维度（尤其是便携性和舒适性），从功能效果角度看有时其界限是不明确的甚至是交织在一起的，此时应对这些维度的评价要点进行综合评价。

注 2：具体产品的评价方法由对应的产品特殊要求标准规定。

5.8 标识与说明的评价

5.8.1 评价要点

智能家电、智能家电系统和智能家居的标识与说明的评价要点，包括但不限于：

a）与本标准和其他相关标准相关规定是否符合；

b）不同载体上的标识与说明内容的一致性；

c）电子版标识与说明内容的可获得性和易获得性；

d）标识与说明内容的易懂性。

5.8.2 检查方法

对智能家电、智能家电系统和智能家居标识与说明的检查，应在其处于交付状态下进行。

5.9 智能指数评价

智能家电、智能家电系统和智能家居的智能指数，根据本标准对各项要求的评价，依据与智能指数及其评价体系相关的标准提供的方法给出评价结果。

参考文献

[1] GB 4343.1—2009 家用电器、电动工具和类似器具的电磁兼容要求 第 1 部分：发射

[2] GB/T 4343.2—2009 家用电器、电动工具和类似器具的电磁兼容要求 第

2 部分：抗扰度

[3]　GB 17625.1—2012　电磁兼容　限值　谐波电流发射限值（设备每相输入电流≤ 16 A）

[4]　GB/T 17625.2—2007　电磁兼容　限值　对每相额定电流≤ 16 A 且无条件接入的设备在公共低电压供电系统中产生的电压变化、电压波动和闪烁的限制

[5]　GB/T 17625.7—2013　电磁兼容　限值　每相输入电流大于 16 A 小于等于 75 A 连接到公用低压系统的设备产生的谐波电流限值

[6]　GB/T 18336.1—2015　信息技术　安全技术　信息技术安全评估准则　第 1 部分：简介和一般模型

[7]　GB/T 18336.2—2015　信息技术　安全技术　信息技术安全评估准则　第 2 部分：安全功能组件

[8]　GB/T 18336.3—2015　信息技术　安全技术　信息技术安全评估准则　第 3 部分：安全保障组件

[9]　GB/T 31167—2014　信息安全技术　云计算服务安全指南

[10]　GB/T 31168—2014　信息安全技术　云计算服务安全能力要求

[11]　GB/T 50314—2015　智能建筑设计标准

[12]　GB 50311—2016　综合布线系统工程设计规范

[13]　QB/T 4986—2016　家用和类似用途电器电磁场的安全评价和测量方法

[14]　工业和信息化部关于发布 5150—5350 兆赫兹频段无线接入系统频率使用相关事宜的通知（工信部无函〔2012〕620 号）